W0264307

Dynamik, Regelung und Dampfverbrauch der Dampffördermaschine

von

Dr. Ing. Max Schellewald

Mit 28 Textfiguren

Berlin
Verlag von Julius Springer
1918

ISBN-13:978-3-642-90347-2   e-ISBN-13:978-3-642-92204-6
DOI: 10.1007/978-3-642-92204-6

Vorwort.

Die vorliegende Arbeit erstrebt die Lösung zweier Aufgaben, die dem in der Praxis des Baues oder des Betriebes von Fördermaschinen Stehenden ständig entgegentreten.

Zunächst handelt es sich darum, dem entwerfenden und konstruierenden Ingenieur die Mittel an Hand zu geben, um das dynamische Verhalten der Dampffördermaschine für die verschiedenen in der Praxis vorkommenden Seilgewichtsausgleichungen zu untersuchen, durch vergleichende Rechnungen die günstigste Lösung für den gegebenen Fall zu finden, die Maschine richtig zu bemessen und ihren Dampfverbrauch im voraus zu ermitteln.

Gleichzeitig soll versucht werden, auch für die Zwecke des Käufers und Betriebsleiters die wissenschaftlichen Grundlagen für eine richtige Beurteilung der Dampffördermaschine unter den Gesichtspunkten der Seilgewichtsausgleichung, der Sicherheits- und Regelvorrichtungen, sowie des Dampfverbrauches zusammenzustellen.

Es ist mir eine angenehme Pflicht, an dieser Stelle Herrn Professor Dr. Bonin von der Königlichen Technischen Hochschule Aachen zu danken, der mir die Hinweise für ein zweckmäßiges Anfassen des im ersten Teile behandelten mechanischen Problems gab. Großen Dank schulde ich auch meiner früheren Firma, der Gutehoffnungshütte, Aktienverein für Bergbau und Hüttenbetrieb, Oberhausen, in deren Diensten ich reiche Anregung für den vorliegenden Zweck empfing.

Ich bin mir bewußt, daß diese Abhandlung, die in den spärlichen Mußestunden der Kriegsarbeit entstand, das erstrebte Ziel nicht vollkommen erreicht, und daß an manchen Stellen nur Hinweise und die allgemeinen Grundlagen gegeben sind, wo genaue Gleichungen und Zahlen erwünscht wären. Deren Ermittlung hätte umfangreiche Versuche verlangt, für die heute die Zeit fehlt.

Falls diese Schrift zu weiteren planmäßigen Versuchen an Umkehrmaschinen, deren Notwendigkeit auch von anderer Seite öfters dargelegt wurde, anregen, und ferner der Praxis in einzelnen Fragen brauchbare Auskunft geben sollte, so wäre damit ihr Zweck erreicht.

Im November 1917.

Der Verfasser.

Inhaltsverzeichnis.

Inhaltsverzeichnis.

Einleitung.

In der Fachliteratur der letzten zehn Jahre hat die Hauptschacht-
fördermaschine eine mannigfaltige und ausgiebige Behandlung erfahren.
Den ersten Anstoß hierzu gab der kurz nach der Jahrhundertwende
auftretende Wettbewerb der Elektrizität auf diesem Gebiete des Ma-
schinenbaues und des Kraftbetriebes der Bergwerke, das bis dahin zum
unbestrittenen Herrschaftsbereiche des Dampfes gehörte. Wie dies bei
der Ausschließlichkeit des Dampfbetriebes und dem Fehlen eines ge-
eigneten Vergleichsmaßstabes natürlich ist, war bislang die Frage des
wirtschaftlichen Arbeitens der Fördermaschine gegenüber der der Betriebssicherheit fast vollständig in den Hintergrund getreten. Die bei
der Wichtigkeit und Tragweite des bestrittenen Gebietes von vornherein
außerordentlich zielbewußte Werbetätigkeit der Verfechter der Elektrizität stellte nun vor allem die Betriebskostenfrage in den Vordergrund.
Gegenüber vereinzelten Versuchswerten, die an alten Dampffördermaschinen gewonnen waren, bei deren Entstehung wirtschaftliche Forderungen keineswegs Pate gestanden hatten, konnte für die ersten elektrischen Hauptschachtfördermaschinen eine scheinbar unerreichbar glän-
zende Überlegenheit nachgewiesen werden. Allzu eifrige Verfechter
des neuen Betriebsmittels sahen damit das Ende der veralteten Dampfförderung mit Riesenschritten herannahen. Diese Hoffnung konnte
allerdings nur von einer gründlichen Verkennung der einschlägigen
technischen und wirtschaftlichen Verhältnisse genährt werden und hat
sich dann auch als vollkommen trügerisch erwiesen. Hier ist nicht
der Platz zur Erörterung der so oft aufgeworfenen Frage „Dampf oder
Elektrizität", für die es eine grundsätzlich eindeutige Antwort überhaupt
nicht gibt. Es genügt die einfache Feststellung der Tatsache, daß in
allen Bergbaubezirken Deutschlands von den neuangelegten und im
Bau begriffenen Förderanlagen bei weitem die meisten für Dampfbetrieb
vorgesehen sind. Dieser steht daher keineswegs auf dem Aussterbe-
etat, wird vielmehr bei den heutigen Grundlagen der Krafterzeugung
und des Kraftbetriebes der Bergwerke von der Praxis in den meisten

Fällen noch immer als die technisch und wirtschaftlich beste Lösung angesehen.

Als ein Beweis dafür, daß man sich im Dampffördermaschinenbau heute auch Aufgaben zuwendet, die bisher ausschließlich der Elektrizität vorbehalten schienen, sei die von der Gutehoffnunghütte im Jahre 1914 für die Zeche Neumühl in Hamborn gelieferte Turm-Fördermaschine erwähnt. Es handelt sich hier um eine Sechswagenförderung, die bei der üblichen Bauart eine Maschine von etwa 1600 mm Hub erfordert hätte. Statt dessen wurde unmittelbar über dem Schacht auf dem in Eisenbauwerk ausgeführten Förderturm in einer Höhe von 36 m über Rasenhängebank ein schnellaufender liegender Zwilling aufgestellt, der vermittels eines Citroenvorgeleges die Treibscheibenachse antreibt. Bei der Durchbildung der Anlage wurden natürlich neben den besonderen Forderungen des Fördermaschinenbetriebes alle die Gesichtspunkte berücksichtigt, die für den Bau schnellaufender Maschinen und die Vermeidung schädlicher Massenwirkungen von Wichtigkeit sind. Die Maschine arbeitet vollkommen ruhig und in jeder Beziehung einwandfrei. Unbedeutende, anfänglich beobachtete Schwingungen des Fördergerüstes, die bei einer, etwa der halben Höchstgeschwindigkeit entsprechenden kritischen Drehzahl auftraten, verschwanden restlos mit einer geringfügigen Änderung im Massenausgleich der Maschine. Näheres über diese lehrreiche Anlage ist inzwischen in „Glückauf" 1916, S. 978, veröffentlicht.

Allerdings hat sich in den letzten 20 Jahren wie der gesamte Dampfbetrieb so auch die Dampffördermaschine, die lange Zeit in ihrer grundsätzlichen Durchbildung stehen geblieben war, in außerordentlichem Maße weiterentwickelt. Der aufrüttelnde und anregende Wettbewerb der Elektrizität zwang zur eingehenden, vorurteilslosen Prüfung des Vorhandenen, damit zu grundlegenden Umbildungen und zeitigte letzten Endes die schönsten Erfolge. Die Verfechter des Dampfbetriebes schulden daher dem bei seinem ersten Auftreten so gefürchteten neuen Nebenbuhler den größten Dank. Auf zwei Punkte erstrecken sich vor allem die im Kampf mit der Elektrizität gemachten Fortschritte, einerseits auf die Wirtschaftlichkeit des Betriebes, zum andern auf die — teilweise hiermit zusammenhängende — Regelung und Sicherung der Maschine.

Noch vor wenig mehr als einem Jahrzehnt wurde wohl niemals für eine Fördermaschine eine bestimmte Gewährleistung für den Dampfverbrauch verlangt oder gegeben. Heute dagegen wird kaum eine Maschine ausgeschrieben, ohne daß nach dieser Seite hin genaue Zahlen gefordert und bei der Bewertung der Angebote mit in erster Linie berücksichtigt werden. Diese Gewährleistungsziffern stehen auch keineswegs nur auf dem Papier. Abnahmeversuche, die in der Regel von Seiten der zuständigen Dampfkesselüberwachungsvereine durchgeführt werden, liegen in großer Zahl vor und haben zum Teil ganz überraschend günstige Verbrauchswerte ergeben. Die in der Literatur veröffentlichten Ergebnisse, vor allem die der auf Anregung des Vereines deutscher Ingenieure durchgeführten großzügigen Versuchsreihe (Forschungsarbeiten, Heft 110/111) sind aber, das muß hier ausdrücklich betont werden, fast durchweg an Maschinen gewonnen, die heute sowohl in ihrer baulichen Durchbildung, als auch in den Eigenschaften des Betriebsmittels selbst — Spannung und Überhitzung — wesentlich überholt sind. So war z. B. von all den seitens des Versuchsausschusses untersuchten Maschinen keine einzige mit hoch überhitztem Dampf betrieben oder mit einem neuzeitlichen Fahrtregler ausgestattet. Der heutige oder gar der erreichbare Stand des Dampfverbrauches wird daher durch die meisten bekannten Veröffentlichungen keineswegs gekennzeichnet.

Die auf dem zweiten der genannten Gebiete, dem der selbsttätigen Regelungs- und Sicherheitsapparate gemachten großen Fortschritte sind ebenfalls unmittelbar dem Druck des Wettbewerbes von Seiten der elektrischen Fördermaschine zu verdanken. Diese mußte zur Zeit ihres ersten Auftretens in dieser Beziehung ohne weiteres als überlegen anerkannt werden. Die mit Ilgnerumformer und Leonardschaltung ausgerüstete elektrische Förderung stellte in bezug auf die einfache und zwangläufige Regelung des Geschwindigkeitsverlaufes schlechterdings das Ideal dar, das notwendigerweise die Verfechter des Dampfbetriebes zur gründlichsten Weiterbildung dieses bislang mehr oder weniger stiefmütterlich behandelten Gebietes zwang. Heute ist der Stand der Dinge wohl der, daß die Dampffördermaschine in bezug auf die reine Sicherung der Fahrt der elektrischen durchaus ebenbürtig ist. Hinsichtlich der zwangläufigen wirtschaftlichen Regelung des gesamten Geschwindigkeitsverlaufes bleibt zwar infolge seiner eindeutigen Steuerung der elektrische Gleichstrom-Antriebsmotor grundsätzlich überlegen. Praktisch kommt der darin für die Dampfmaschine liegende Nachteil allerdings kaum zum Ausdruck, da, sofern diese mit einem neuzeitlichen Fahrtregler ausgerüstet ist, bei ihr die wirtschaftlichste Fahrweise gleichzeitig für den Maschinisten die bequemste bedeutet. Obwohl eine Änderung des Geschwindigkeitsverlaufes sowohl durch unwirtschaftliches Drosseln, als auch durch das theoretisch-richtige Verstellen der Füllung erreicht werden kann, bleibt, einen neuzeitlichen Fahrtregler vorausgesetzt, der erstere Weg deshalb praktisch ausgeschlossen, weil er vom Maschinisten gespannteste Aufmerksamkeit und ständiges Eingreifen erfordert. Die richtige und wirtschaftliche Regelung wird dagegen vom Fahrtregler selbsttätig vorgenommen, nimmt also den Führer überhaupt nicht in Anspruch.

Nach dieser kurzen Kennzeichnung des in der ständig fortschreitenden

Entwicklung heute erreichten Standpunktes sollen die aufgestellten
Behauptungen im einzelnen belegt werden. Ferner seien vor allem die
theoretischen und praktischen Gesichtspunkte und Regeln festgelegt,
die für die Bemessung, die bauliche Durchbildung und die Bewertung
der neuzeitlichen Dampffördermaschine von besonderer Wichtigkeit
sind. Aus diesen Grundlagen ergibt sich dann von selbst der Hinweis
auf die Punkte, an denen die zweifellos noch vorhandene Verbesse-
rungsmöglichkeit anzusetzen hat.

I. Geschwindigkeitsdiagramme und Leistungsverlauf.

Die Berechnung der Fördermaschine erfolgte früher meist nur auf statischer Grundlage. Der Maschine, die in der ungünstigsten Kurbelstellung das größte vorkommende statische Moment bewältigen konnte, wurde ohne weiteres ein genügendes Beschleunigungsvermögen zugesprochen. Eine Prüfung der dynamischen Verhältnisse erfolgte im allgemeinen nicht. Unmittelbarer Zwang dazu lag auch nicht vor, da man außer der Betriebssicherheit von der Fördermaschine nichts verlangte und es im allgemeinen auf die kürzere oder längere Dauer eines Förderzuges nicht ankam. Heute sind mit der riesigen Steigerung der gesamten Förderleistung wenigstens in dem für die Fördermaschine wichtigsten Gebiet des Kohlenbergbaues auch die von dem einzelnen Schacht in der Schicht zu bewältigenden Lasten erheblich gestiegen. Der Vergrößerung der Nutzlast eines Zuges und der Seilgeschwindigkeit sind durch die Rücksichten auf das Seil und den Schacht gewisse Grenzen gezogen, — acht Wagen bzw. 25 m stellen die wohl nirgendwo überschrittenen Höchstwerte dar. — Abkürzung der Zugdauer ist daher neben wirtlichem Arbeiten eine Bedingung, die die neuzeitliche Fördermaschine zu erfüllen hat. Beide Forderungen und zudem die Tatsache, daß sehr oft die Gewährleistung einer bestimmten Förderleistung in bestimmter Zeit verlangt wird, erfordern eine eingehende Berücksichtigung der dynamischen Verhältnisse. Die hierbei üblichen Rechnungsverfahren sind bekannt, vergl. die vom Verfasser herrührende Bearbeitung des Abschnittes „Fördermaschinen" im Hüttentaschenbuch 20., 21. und 22. Aufl., sowie die ausführliche Veröffentlichung von Wallichs in der „Fördertechnik" 1912 Heft 2—5. Die in diesen Arbeiten angegebenen Formeln beziehen sich aber unmittelbar nur auf den einfachsten Fall, nämlich den des vollkommenen Seilausgleiches. Für alle anderen Förderarten sind dagegen nur Näherungsverfahren angegeben, während die Gleichungen zur genauen zahlenmäßigen Ermittlung des Geschwindigkeitsverlaufes fehlen. Diese Lücke, die sich in der Praxis störend bemerkbar macht, sei hier zunächst ausgefüllt[1]).

---

[1]) Erst nach Fertigstellung der vorliegenden Arbeit erhielt Verfasser Kenntnis von zwei älteren Veröffentlichungen, die sich mit einem Einzelfall aus der Dynamik

Zuvor soll noch an einige grundlegende Gesichtspunkte erinnert werden, die zwar eigentlich auf der Hand liegen, vielleicht aber nicht immer richtig beachtet sind.

Grundsätzlich wäre natürlich die ununterbrochene Förderung, beispielsweise mit einem Becherwerk, die beste. Für heutige Teufen und Leistungen kommt aber selbstverständlich eine derartige Anlage überhaupt nicht in Frage. Bei der praktisch allein möglichen abgesetzten Förderung muß die Nutzlast mit den übrigen toten Massen aus dem Ruhezustand bis zur Höchstgeschwindigkeit beschleunigt, und zum Schluß wieder auf die Geschwindigkeit Null verzögert werden. Soll eine derartige Fahrweise in bezug auf den Energieverbrauch der ununterbrochenen Förderung mit gleichbleibender Kraftzufuhr gleichwertig sein, so darf selbstverständlich die zur Massenbeschleunigung verwandte Energie nicht verloren gehen; d. h., die lebendige Kraft der Massen muß im letzten Teile des Förderzuges zur Hebung der Nutzlast voll aufgezehrt werden. Ist diese Umsetzung nicht möglich, oder wird sie nicht restlos erreicht, so bleibt die betreffende Förderung in bezug auf den Energieverbrauch unter allen Umständen hinter der theoretisch besten zurück. Kürzt man beispielsweise die Auslaufzeit einer Maschine mit zylindrischen Trommeln ohne Unterseil, die infolge des zum Fahrtende ständig abnehmenden Lastmomentes sehr lang wird, durch Bremsen, Gegen- oder Staudampfwirkung ab, — bei einem Seilgewicht, das die Nutzlast zuzüglich der gesamten Reibung übersteigt, kann die Maschine überhaupt nicht anders stillgesetzt werden, — so bedeutet das einen Energieverlust in der vollen Höhe eben dieser Bremsarbeit. Ob diese selbst nun ohne besonderen Energieaufwand zustande kommt, was trotz

---

der Fördermaschine, und zwar dem Geschwindigkeitsschaubild der Maschine mit zylindrischen Trommeln ohne Unterseil befassen.

In Dinglers Journal 1902, S. 469 leitet Herrmann vermittels der Arbeits- und Geschwindigkeits-Weggleichung Ausdrücke für Wege und Geschwindigkeiten in Abhängigkeit von der Zeit ab. Der häufig vorkommende Fall des negativen statischen Momentes zum Fahrtende ist hier nur durch eine baulich sehr verwickelte Geschwindigkeits-Weggleichung, im übrigen durch ein wenig einfaches zeichnerisches Verfahren behandelt, das für die Praxis zu zeitraubend erscheint.

Kulka stellt in der E. T. Z. 1907, S. 1185 unter Heranziehung der auch vom Verfasser benützten Differentialgleichung der Bewegung dieselben Gleichungen wie Herrman auf, hat sie allerdings durch Einführen der Anfangsbeschleunigung in eine wesentlich bequemere Form gebracht. Der Auslauf bei negativem statischen Endmoment ist hier nicht untersucht.

Beide Veröffentlichungen vernachlässigen den Einfluß der Reibung und beschränken sich auf eine einzige Förderungsart, die heute im Gegensatz zu früher nicht mehr an erster Stelle steht.

Eine umfassende, alle Einflüsse berücksichtigende Behandlung sämtlicher vorkommenden Förderarten, wie sie mit der vorliegenden Arbeit versucht wird, erscheint mithin nach wie vor nicht überflüssig zu sein.

der gegenteiligen Behauptung auch bei den seinerzeit vielfach emp-
fohlenen Stauschiebern nicht einmal der Fall ist, bleibt dabei gleichgültig. Der Teil der lebendigen Kraft, der beim Auslauf der Maschine
nicht in Nutzarbeit umgesetzt, sondern künstlich vernichtet wird, ist
am Anfang des Zuges nutzlos erzeugt. Erfordert nun diese Vernichtung
noch einen besonderen Energieaufwand, wie er sich beispielsweise
in einem, durch die Betätigung der Bremse bedingten Verbrauch an
Dampf oder Druckluft darstellt, so bedeutet dieser eine zweite Ver-
lustquelle, deren Größe allerdings im allgemeinen hinter der der ersten
weit zurücksteht.

Es leuchtet demnach ein, daß Bremse, Gegen- oder Staudampf
unwirtschaftliche Mittel zur Verkürzung der Förderzeit sind. Richtig ist
dagegen zunächst eine möglichst weitgehende Verkleinerung der Massen,
deren Größe einen unmittelbaren Maßstab für die lebendige Kraft, d. h.
Auslaufarbeit, Dauer und Länge des Auslaufweges bildet. Weiterhin
ist der vollkommene, besser noch der überschüssige Ausgleich des
Seilgewichtes zur Erstrebung des gewünschten Zweckes — kurze Förderzeit bei höchster Energieausnützung — besonders angebracht.

Rechnungsgrundlagen.

Je nach der Fahrweise der Maschine läßt sich der Geschwindigkeitsverlauf eines Förderzuges in der verschiedensten Weise gestalten.
Was zunächst den Beschleunigungsabschnitt angeht, so fährt man beim
Drehstrombetrieb beispielsweise gern mit ständig abnehmender Beschleunigung an, um unzulässige Spitzenbelastungen des Motors zu
vermeiden. Wenn auch dieser Gesichtspunkt bei der weit stärker
überlastbaren Dampffördermaschine fortfällt, so könnte es, sofern man
nur Gründe des Dampfverbrauches sprechen lassen will, ratsam erscheinen, auch hier die ersten Umdrehungen mit großen Füllungen zu
durchlaufen, um die Austausch- und Lässigkeitsverluste schnell herunterzudrücken. Mit zunehmender Korbgeschwindigkeit müßte man
dann mit der Füllung so zurückgehen, daß stets die für die jeweilige
Drehzahl günstigste verwirklicht wird. Gegen eine derartige Fahrweise
bestehen aber erhebliche Bedenken:

Zunächst ist der Zusammenhang zwischen günstigster Füllung und
Drehzahl nicht unabhängig von Art und Abmessungen der Maschine,
sowie Spannung und Temperatur des Frischdampfes. Obwohl nun
der Maschinenbau heute aus wirtschaftlichen Gründen darauf angewiesen
ist, im weitgehendsten Maße Reihenherstellung zu treiben, wäre also
für jeden Fall ein besonderer Anfahrregler zu entwerfen. Trotzdem
würde dieser wegen der gerade im Zechenbetrieb besonders unregelmäßigen Dampfverhältnisse (Schwankungen in derselben Anlage zwischen

7 u. 12 at., Sattdampf und Überhitzung bis zu 300 Grad sind keine
Seltenheit) seine Aufgabe nur unvollkommen lösen. Es ist mithin
fraglich, ob der erreichbare Gewinn bei den zur Zeit noch gegebenen
praktischen Verhältnissen im richtigen Einklang zu der Verwicklung
steht, die eine derartige Anfahrregelung bedeutet.

Weiterhin wird, wenn nicht für die ersten Umdrehungen ganz besonders große Füllungen zugelassen werden, die sich wiederum mit
Rücksicht auf die unvollkommene Dampfdehnung verbieten, ein ständig
abnehmendes Anfahrmoment eine Verringerung der mittleren Förder-
geschwindigkeit, also eine Vergrößerung der Zugdauer bedeuten, gegen
die sich der Bergmann mit Recht sträubt. Im zweiten, die Sicherheits-
und Regelvorrichtungen behandelnden Abschnitte ist dieser Punkt besonders behandelt und erwähnt, daß mit Rücksicht auf die größtmögliche Steigerung der Förderleistung jede derartige Regelung der Anfahrt, soweit sie früher vereinzelt ausgeführt wurde, von der Praxis
wieder verlassen ist.

Aus diesen Erwägungen bauen heute die führenden Firmen Deutschlands ihre Dampffördermaschinen durchweg so, daß die Anfahrt mit
gleichbleibender, nicht zu großer, freieinstellbarer Füllung erfolgt. Der
geringfügige Nachteil, den man damit vom dampfökonomischen Standpunkt aus in Kauf nimmt, ist durch die Vereinfachung der Maschine
und ihre dem Betriebsmann besonders wichtige größere Anpassungs-
fähigkeit an die wechselnden Betriebsverhältnisse reichlich aufgewogen.
Bei der immer weiter zunehmenden Verbreitung der Treibscheibenförderung verliert zudem die ganze Frage an praktischer Bedeutung, da,
vor allem bei Verwendung eines schwereren Unterseiles, die Maschine
hier auch bei unveränderlicher Füllung schnell auf Geschwindigkeit
kommt.

Maschinen, die ohne besonderen Regler arbeiten, — für kleinere
Förderungen ist das vielfach noch der Fall — lassen überhaupt nur
eine Anfahrt mit gleichbleibendem Kraftmoment zu. Von dem Maschinisten, der acht Stunden lang seinen verantwortungsvollen Dienst ver-
sieht, kann man billigerweise nicht erwarten, daß er bei jedem Zuge
den Steuerhebel zunächst auf große Füllung auslegt, und mit zunehmender Geschwindigkeit allmählich wieder zurückholt.

Daß nach Erreichung der Höchstgeschwindigkeit möglichst lange
mit der gleichen Winkelgeschwindigkeit weiter gefahren werden muß,
ist zunächst für Förderungen mit zylindrischen Trommeln und Treibscheiben selbstverständlich, da ja die Zugdauer möglichst abgekürzt
werden soll. Auch für Bobinen und Kegeltrommeln gilt diese Vor-
schrift für die Beharrung, wie bei der Behandlung dieser Förderarten
noch besonders belegt ist. Weiterhin wird die unveränderliche Winkelgeschwindigkeit bereits durch die Verwendung marktgängiger Regler be-

dingt. Der Auslauf schließlich soll mit Rücksicht auf die Energieausnützung frei, d. h. ohne Brems- oder Gegendampfwirkung erfolgen.

Um mit den vorstehenden, von der heutigen Praxis des Dampffördermaschinenbetriebes allgemein anerkannten Gesichtspunkten in Einklang zu bleiben, sind den nachstehenden Rechnungen folgende Voraussetzungen zugrunde gelegt:

1. Unveränderliches Maschinenmoment während der Anfahrt.
2. Unveränderliche Winkelgeschwindigkeit während der Beharrung.
3. Freier Auslauf.

Weiterhin ist noch die Annahme gemacht, daß Schachtreibung, Luftwiderstand der Körbe, Seilbiegung und Seilscheibenverluste als fester Zuschlag zur Nutzlast berücksichtigt werden können. Diese Voraussetzung deckt sich nicht genau mit der Wirklichkeit. Die Versuche von Ruths (Forschungsarbeiten Heft 85) haben vielmehr die zahlenmäßige Abhängigkeit dieser Widerstände von Geschwindigkeit und Grundfläche der Förderkörbe festgestellt. Um die Rechnung nicht allzusehr zu verwickeln, sei hier trotzdem dieser Verlust unveränderlich, und zwar so groß gedacht, daß er in seiner Gesamtwirkung dem aus der genauen Rechnung als veränderlich ermittelten gleichkommt. In gleicher Weise werde die Eigenreibung der Maschine auf das aufgehende Seil als gedachte, gleichbleibende Belastung bezogen. Diese Annahme vernachlässigt zwar die Abhängigkeit der Maschinenreibung von Geschwindigkeit und Belastung, erspart aber ein Rechnen mit verschiedenen, in ihrem Unterschiede schwer abzuschätzenden Wirkungsgraden für Anfahrt und Beharrung. Für den Auslauf würde ein Maschinenwirkungsgrad überhaupt keinen Sinn mehr haben, und die Reibung der Maschine nur in der angedeuteten Weise berücksichtigt werden können.

Bezeichnungen:

T Teufe in m

q Seilgewicht in kg/lfd m

d Unterschied im Metergewicht von Ober- und Unterseil in kg

M Summe sämtlicher, quadratisch auf das Seil zurückgeführter Massen.

N Nutzlast in kg

R Schacht- und Luftreibung in kg, bezogen auf das aufgehende Seil.

R_1 $R +$ Eigenreibung der Maschine in kg, bezogen auf das aufgehende Seil.

v Jeweilige Seilgeschwindigkeit in m/sk

s Jeweilig zurückgelegter Weg in m, und zwar gerechnet vom Fahrtbeginn bei der Anfahrt, vom Fahrtende beim Auslauf.

s' Jeweilig zurückgelegter Weg in m des Auslaufabschnittes, gerechnet von dessen Beginn an ($s' = s_3 - s$).

t zu s gehörige Zeit in sk

t' zu s' gehörige Zeit in sk. $(t' = t_3 - t)$

a Die zu Punkt (s, t) gehörige Korbbeschleunigung in m/sk²

b Die zu Punkt $(s, t, s'\ t')$ gehörige Korbverzögerung in m/sk²

v_{max} die höchste Seilgeschwindigkeit (die der Beharrung) in m/sk

s_1 Die Gesamtlänge des Anfahrweges in m

t_1 Die gesamte Anfahrzeit in sk

s_2 Die Gesamtlänge des Beharrungsweges in m

t_2 Die gesamte Beharrungszeit in sk

s_3 Die Gesamtlänge des Auslaufweges in m

t_3 Die gesamte Auslaufszeit in sk

A Die Anfahrbeschleunigung bei Fahrtbeginn, gegeben durch die statischen Bedingungen und die Anfahrfüllung der Maschine.

B Die Auslaufverzögerung am Fahrtende, ebenfalls gegeben durch die statischen Bedingungen.

1. Maschine mit zylindrischen Trommeln ohne Unterseil.
(Abb. 1.)

A) Geschwindigkeits- und Weggleichungen.

Es werde zunächst der in der Praxis meist vorliegende Fall behandelt, daß zum Fahrtende das Lastmoment noch einen positiven

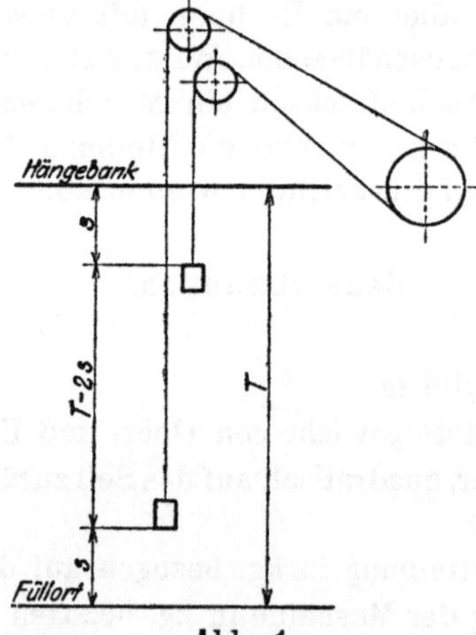

Abb. 1.

Wert besitzt. Bedingung hierfür ist, daß in der Hängebankstellung des aufgehenden Korbes die Beziehung besteht:

$$N + R_1 > T\,q.$$

Unter dieser Voraussetzung gilt das in Abb. 2 auf Weggrundlage verzeichnete Schaubild der Kräfte und Beschleunigungen.

Werden sämtliche Widerstände, also auch die Eigenreibung der Maschine, auf das aufgehende Seil bezogen, so beträgt die resultierende Seilbelastung am Anfang des Zuges $N + Tq + R_1$. Nach Zurücklegung des Weges s ist sie um $2\,s\,q$ gesunken und erreicht zum Fahrtende schließlich ihren kleinsten Wert mit $N - Tq + R_1$. Sie ändert sich mithin linear mit s.

Nach den getroffenen Voraussetzungen ist die ebenfalls auf das Seil bezogene indizierte Zugkraft der Maschine während der Anfahrt unveränderlich $= P_{i1}$, während der Beharrung gleich der jeweiligen

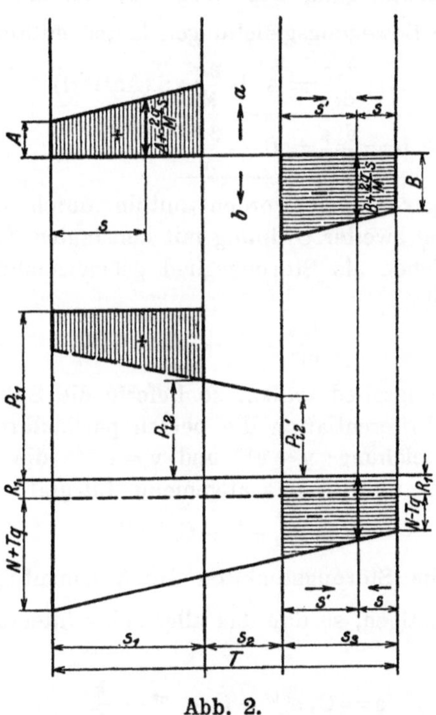

Abb. 2.

resultierenden Seilbelastung, — sie nimmt also linear von P_{i2} auf P_{i2}' ab — und während des Auslaufes Null. Die senkrecht schraffierte Fläche des Arbeitsüberschusses während der Anfahrt ist gleich der wagerecht schraffierten der im Auslaufabschnitt zu leistenden Gesamtarbeit. An jeder Stelle geben die Ordinaten dieser beiden Flächen die jeweiligen beschleunigenden oder verzögernden Kräfte an. Dividiert man diese durch die unveränderliche Gesamtmasse M, so erhält man die jeweiligen Beschleunigungen oder Verzögerungen des Seiles. Diese sind in Abb. 2 ebenfalls zeichnerisch dargestellt. Die Beschleunigung beginnt mit einem Anfangswert:

$$A = \frac{P f_1 - (N + T q + R_1)}{M},$$

und hat nach Zurücklegung des Weges s um $\frac{2 q}{M}$ s zugenommen. Die Verzögerung am Fahrtende ist:

$$B = \frac{N - T q + R_1}{M}.$$

Denkt man sich jetzt den Zug rückwärts durchlaufen, Wege und Zeiten des Auslaufes also vom Fahrtende aus gerechnet, so würde die Verzögerung nach Zurücklegung des Weges s ebenfalls um $\frac{2 q}{M}$ s gewachsen sein. Die Bewegungsgleichungen lauten mithin:

$$a = \frac{d_2 s}{dt^2} = A + \frac{2 q}{M} s; \quad \text{(Anfahrt)}. \qquad 1)$$

$$b = \frac{d_2 s}{dt^2} = B + \frac{2 q}{M} s; \quad \text{(Auslauf)}. \qquad 2)$$

Beide Bewegungsvorgänge werden mithin durch dieselbe lineare Differentialgleichung zweiter Ordnung mit konstanten Koeffizienten und einer Unveränderlichen als Störungsglied gekennzeichnet, die die allgemeine Form besitzt:

$$\frac{d_2 s}{dt^2} = k + c^2 s.$$

Würde das Störungsglied fehlen, so lieferte die Substitution $s = e^{\mu t}$ nach zweimaliger Differentiation die beiden partikulären Integrale der dann homogenen Gleichung: $y = e^{ct}$ und $y = e^{-ct}$, die mit den beiden Unveränderlichen C_1 und C_2 das allgemeine Integral

bilden würden. $\qquad s = C_1 e^{ct} + C_2 e^{-ct}$

Nun ist noch die Störungsfunktion durch Hinzufügen des Gliedes $-\frac{k}{c^2}$ zu berücksichtigen, so daß das allgemeine Integral der Ausgangsgleichung lautet:

$$s = C_1 e^{ct} + C_2 e^{-ct} - \frac{k}{c^2}.$$

Durch Differentiieren erhält man hieraus:

$$\frac{ds}{dt} = c (C_1 e^{ct} - C_2 e^{-ct}).$$

Die beiden Unveränderlichen bestimmen sich aus den Grenzbedingungen: $t = 0 : s = 0, \frac{ds}{dt} = 0$.

Setzt man diese Grenzwerte in die allgemeinen Ausdrücke für s und $\frac{ds}{dt}$ ein, so erhält man:

$$C_1 + C_2 = \frac{k}{c^2};$$

$$C_1 - C_2 = 0; \text{ mithin}$$

$$C_1 = C_2 = \frac{k}{2\,c^2}; \text{ und weiter}$$

$$s = \frac{k}{c^2}\left(\frac{e^{ct} + e^{-ct}}{2} - 1\right)$$

$$\frac{ds}{dt} = v = \frac{k}{c}\,\frac{e^{ct} - e^{-ct}}{2}; \text{ oder}$$

$$s = \frac{k}{c^2}\,(\mathfrak{Cof}\,c\,t - 1)$$

$$v = \frac{k}{c}\,\mathfrak{Sin}\,c\,t.$$

Die letztere Gleichung liefert:

$$t = \frac{1}{c}\,\mathfrak{Ar}\,\mathfrak{Sin}\,\frac{v\,c}{k}; \text{ anders geschrieben:}$$

$$t = \frac{1}{c}\,\ln\frac{v\,c + \sqrt{k^2 + v^2\,c^2}}{k} \qquad\qquad 3)$$

Der Ausdruck für s läßt sich unter Benützung der Beziehung $\mathfrak{Cof}^2 ct - \mathfrak{Sin}^2 ct = 1$ und Einsetzung von $\mathfrak{Sin}^2 ct = \frac{v^2\,c^2}{k^2}$ umgestalten in:

$$s = \frac{1}{c^2}\left(\sqrt{k^2 + v^2\,c^2} - k\right) \qquad\qquad 4)$$

Die Differentation von Gleichung 3) liefert schließlich nach einigen Umformungen die Beschleunigung bzw. Verzögerung:

$$\frac{dv}{dt} = \sqrt{k^2 + v^2\,c^2}; \qquad\qquad 5)$$

Damit ist die allgemeine Lösung gefunden. Die besondere ergibt sich durch Einführen der Werte für k und c:

1. Anfahrt.

Es ist $k = A$; $c = \sqrt{\dfrac{2\,q}{M}}$. Wandelt man noch den natürlichen Logarithmus unter Berücksichtigung der Beziehung $\ln x = 2,3 \log x$ in den Briggeschen um, was mit Rücksicht auf den Gebrauch des Rechenschiebers vorteilhaft ist, so lauten die Gleichungen:

$$t = 2,3\sqrt{\frac{M}{2q}}\,\log\frac{v\,\sqrt{\frac{2q}{M}} + \sqrt{A^2 + v^2\frac{2q}{M}}}{A}; \qquad\qquad 6)$$

$$s = \frac{M}{2q}\left(\sqrt{A^2 + v^2\frac{2q}{M}} - A\right); \qquad\qquad 7)$$

$$a = \sqrt{A^2 + v^2\frac{2q}{M}}; \qquad\qquad 8)$$

Die gesamte Anfahrzeit, der gesamte Anfahrweg und die Beschleunigung am Ende der Anfahrt ergeben sich durch Einsetzen von v_{max} statt v in die vorstehenden Gleichungen:

$$t_1 = 2,3 \ \sqrt{\frac{M}{2q}} \ \log \frac{v_{max}\sqrt{\frac{2q}{M}} + \sqrt{A^2 + v^2_{max}\frac{2q}{M}}}{A}; \qquad 6a)$$

$$s_1 = \frac{M}{2q}\left(\sqrt{A^2 + v^2_{max}\frac{2q}{M}} - A\right); \qquad 7a)$$

$$a_{max} = \sqrt{A^2 + v^2_{max}\frac{2q}{M}}; \qquad 8a)$$

2. Auslaufabschnitt.

Hier ist $k = B$; c wieder $= \sqrt{\frac{2q}{M}}$; mithin wird:

$$t = 2,3 \ \sqrt{\frac{M}{2q}} \ \log \frac{v\sqrt{\frac{2q}{M}} + \sqrt{B^2 + v^2\frac{2q}{M}}}{B}; \qquad 9)$$

$$s = \frac{M}{2q}\left(\sqrt{B^2 + v^2\frac{2q}{M}} - B\right) \qquad 10)$$

$$b = \sqrt{B^2 + v^2\frac{2q}{M}}; \qquad 11)$$

Für die gesamte Auslaufzeit, den gesamten Auslaufweg und die größte, zum Beginn des Auslaufes gehörende Verzögerung ergibt sich:

$$t_3 = 2,3 \ \sqrt{\frac{M}{2q}} \ \log \frac{v_{max}\sqrt{\frac{2q}{M}} + \sqrt{B^2 + v^2_{max}\frac{2q}{M}}}{B}; \qquad 9a)$$

$$s_3 = \frac{M}{2q}\left(\sqrt{B^2 + v^2_{max}\frac{2q}{M}} - B\right); \qquad 10a)$$

$$b_{max} = \sqrt{B^2 + v^2_{max}\frac{2q}{M}}. \qquad 11a)$$

Nach den eingangs getroffenen Voraussetzungen ist hierbei t und s vom Fahrtende, also entgegengesetzt der Fahrtrichtung zu zählen. Will man dagegen als Bezugspunkt den Beginn des Auslaufes wählen, so ergibt sich unter Benutzung der aus Abb. 3 ohne weiteres hervorgehenden Beziehungen: $t' = t_3 - t$; $s' = s_3 - s$:

$$t' = 2,3 \ \sqrt{\frac{M}{2q}} \ \log \frac{v_{max} + \sqrt{B^2\frac{M}{2q} + v^2_{max}}}{v + \sqrt{B^2\frac{M}{2q} + v^2}}; \qquad 9b)$$

$$s' = \frac{M}{2\,q}\left(\sqrt{B^2 + v^2{}_{max}\,\frac{2\,q}{M}} - \sqrt{B^2 + v^2\,\frac{2\,q}{M}}\right). \qquad 10b)$$

3. Beharrungsabschnitt.

Hierfür gilt nach den getroffenen Voraussetzungen ohne weiteres:

$$t_2 = \frac{s_2}{v_{max}}\,;\ \text{mit} \qquad\qquad 12)$$

$$s_2 = T - (s_1 + s_3)\,; \qquad\qquad 13)$$

Auf Zeitgrundlage aufgetragen führen die vorstehend entwickelten Formeln zu den Schaubildern der Abb. 3. Beschleunigung und Ver-

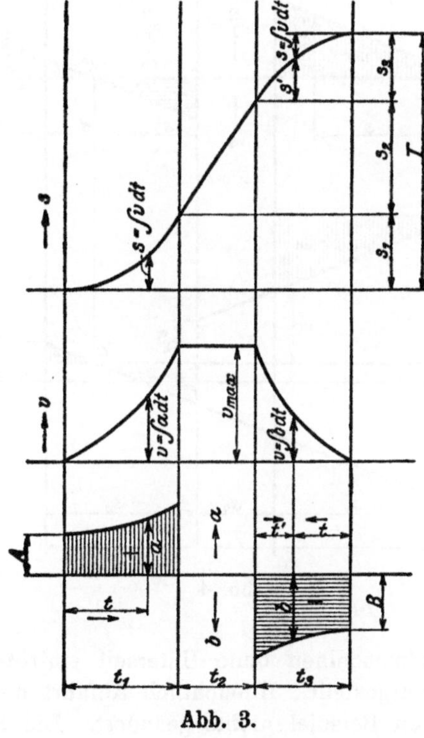

Abb. 3.

zögerung verlaufen hier nicht mehr geradlinig, sondern nach Kurven, die durch den Zusammenhang der Formeln 6 und 8 bzw. 9 und 11 gegeben sind. Die Geschwindigkeitslinien für An- und Auslauf zeigen die mit wachsendem s und t zunehmenden Werte von $\frac{dv}{dt}$. Die Wegkurve wird aus drei getrennten Ästen gebildet, von denen die beiden äußeren wegen der Bedingung $t = 0$, $v = 0$, in ihren Anfangspunkten wage-rechte Berührende besitzen.

Das damit behandelte Beispiel stellt einen Sonderfall dar, der, wenn auch meist, so doch nicht in jedem Falle erfüllbar ist. Sobald nämlich der Wert B negativ wird, d. h. zum Fahrtende das Seil-übergewicht größer ist als Nutzlast zuzüglich der gesamten Reibung, wird der bisher angenommene freie Auslauf bis auf die Geschwindig-keit Null nicht mehr möglich. Dieser Fall, der bei aus großen Teufen

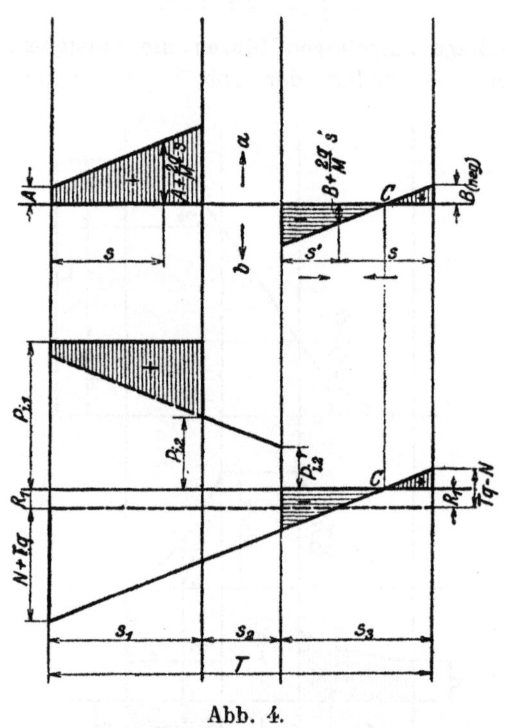

Abb. 4.

fördernden Trommelmaschinen ohne Unterseil eintreten kann, ist in den Abb. 4 und 5 dargestellt. Hinsichtlich Anfahrt und Beharrung ist gegenüber dem ersten Beispiel nichts geändert. Die Formeln 6 bis 8, 6a bis 8a, sowie 12 und 13 gelten mithin unverändert auch hier. Im Auslauf beginnt dagegen die auf das Seil bezogene Verzöge-rung zwar, wie früher, mit einem positiven Wert, wird aber im Punkte C Null, um dann bis zum Schlusse des Zuges linear mit dem Wege auf einen negativen Endwert B weiter abzunehmen, so daß das System zum Schluß wieder beschleunigt wird. In Punkt C mit

$\dfrac{dv}{dt} = o$ erreicht mithin die abnehmende Geschwindigkeit ihren Kleinstwert v_{min}. Dieser kann, wie später noch gezeigt wird, nur zu Null
werden für eine unendlich große Zeit zwischen Beginn des Auslaufes
und Punkt C. Da diese Bedingung in der Wirklichkeit nicht erfüllbar
ist, bleibt v_{min} stets größer als Null, um so mehr die gegenüber v_{min}
wieder gewachsene Geschwindigkeit v am Ende des Zuges. Damit
ist erwiesen, daß für eine derartige Förderung ein freier Auslauf
bis auf die Endgeschwindigkeit Null unmöglich ist, und die Maschine
hier nur durch gewaltsame Vernichtung der Endwucht $\dfrac{Mv^2}{2}$, d. h. durch
Bremse oder Gegendampf stillgesetzt werden kann. Die Werte v_{min}
und v werden verschieden, je nachdem man den Auslauf früher oder
später im Schacht beginnen läßt. Je kleiner v, um so geringfügiger
wird zwar der Energieverlust, um so länger dauert aber auch auf
der anderen Seite der Auslauf. Je nachdem, ob die Rücksicht auf
den Dampfverbrauch oder die Abkürzung der Förderzeit in den Vordergrund zu stellen ist, wird man den zweckmäßigsten Geschwindigkeitsverlauf in jedem Falle durch Proberechnungen festlegen.

Für die rechnerische Behandlung dieses allgemeinen Falles gelten
zunächst auch hier wieder, wie ohne weiteres aus Abb. 4 hervorgeht,
die allgemeinen Gleichungen:

$$\frac{d_2 s}{dt^2} = B + \frac{2q}{M} s = k + c^2 s;$$

$$s = C_1 e^{ct} + C_2 e^{-ct} - \frac{k}{c^2};$$

$$\frac{ds}{dt} = c\,(C_1 e^{ct} - C_2 e^{-ct}).$$

Zur Bestimmung der Unveränderlichen C_1 und C_2 sind jetzt die
Endbedingungen: $t = 0 : s = 0, \dfrac{ds}{dt} = v$ einzuführen. Diese liefern:

$$C_1 + C_2 = \frac{k}{c^2};$$

$$C_1 - C_2 = \frac{v}{c};$$

$$C_1 = \tfrac{1}{2}\left(\frac{k}{c^2} + \frac{v}{c}\right)$$

$$C_2 = \tfrac{1}{2}\left(\frac{k}{c^2} - \frac{v}{c}\right).$$

Damit gehen die Ausdrücke für s und v über in:

$$s = \frac{k}{c^2}\,\frac{e^{ct} + e^{-ct}}{2} + \frac{v}{c}\,\frac{e^{ct} - e^{-ct}}{2} - \frac{k}{c^2};$$

$$v = \frac{k}{c}\,\frac{e^{ct} - e^{-ct}}{2} + v\,\frac{e^{ct} + e^{-ct}}{2}; \quad \text{oder:}$$

$$s = \frac{k}{c^2}\,\mathfrak{Cof}\,ct + \frac{v}{c}\,\mathfrak{Sin}\,ct - \frac{k}{c^2};$$

$$v = \frac{k}{c}\,\mathfrak{Sin}\,ct + v\,\mathfrak{Cof}\,ct.$$

Es ist: $4\,c^2\,C_1\,C_2 = \dfrac{k^2}{c^2} - v^2 = \dfrac{1}{n^2}$ oder:

$$\frac{k^2}{c^2}\,n^2 - v^2\,n^2 = 1.$$

Mit Rücksicht auf die Gleichung: $\mathfrak{Cof}^2 m - \mathfrak{Sin}^2 m = 1$ läßt sich auffassen:

$$n\,\frac{k}{c} \text{ als } \mathfrak{Cof}\,m;$$

$$n\,v \text{ als } \mathfrak{Sin}\,m; \text{ wobei } n = \sqrt{\frac{c^2}{k^2 - v^2\,c^2}}.$$

Damit ergibt sich weiter: $\mathfrak{Tg}\,m = \dfrac{v\,c}{k}.$

Führt man diese Beziehungen zunächst in die Geschwindigkeitsgleichung ein, so erhält diese die Form:

$$n\,v = \mathfrak{Cof}\,m\,\mathfrak{Sin}\,ct + \mathfrak{Sin}\,m\,\mathfrak{Cof}\,ct;$$

$$n\,v = \mathfrak{Sin}\,(m + ct);$$

$$m + ct = \mathfrak{Ar}\,\mathfrak{Sin}\,(n\,v);$$

$$\mathfrak{Ar}\,\mathfrak{Tg}\left(\frac{v\,c}{k}\right) + ct = \mathfrak{Ar}\,\mathfrak{Sin}\,(n\,v);$$

$$t = \frac{1}{c}\left[\mathfrak{Ar}\,\mathfrak{Sin}\,(n\,v) - \mathfrak{Ar}\,\mathfrak{Tg}\left(\frac{v\,c}{k}\right)\right]; \text{ oder:}$$

$$t = \frac{1}{c}\ln\frac{n\,v + \sqrt{n^2\,v^2 + 1}}{\sqrt{\dfrac{k + v\,c}{k - v\,c}}}.$$

Setzt man jetzt für n den Wert: $\sqrt{\dfrac{c^2}{k^2 - v^2\,c^2}}$ ein, so wird nach einigen Umformungen:

$$t = \frac{1}{c}\ln\frac{v\,c + \sqrt{k^2 + v^2\,c^2 - v^2\,c^2}}{k + v\,c}. \qquad 14$$

Die Gleichung für s wird ebenfalls in ähnlicher Weise, wie folgt, umgestaltet:

$$n\,s\,c = \mathfrak{Cof}\,m\,\mathfrak{Cof}\,ct + \mathfrak{Sin}\,m\,\mathfrak{Sin}\,ct - \frac{k}{c}\,n;$$

$$n\,s\,c + \frac{k}{c}\,n = \mathfrak{Cof}\,(m + c\,t).$$

Verbindet man diese Gleichung mit der früheren:

$$n\,v = \mathfrak{Sin}\,(m + ct), \text{ so erhält man:}$$

$$n^2 \left(s\,c + \frac{k}{c}\right)^2 - n^2 v^2 = 1;$$

oder nach Einführung des Wertes für n:

$$s = \frac{1}{c^2}\left(\sqrt{k^2 + v^2 c^2 - \mathfrak{v}^2 c^2} - k\right) \qquad 15)$$

Die erste Ableitung von Gleichung 14 liefert schließlich:

$$\frac{dv}{dt} = b = \sqrt{k^2 + v^2 c^2 - \mathfrak{v}^2 c^2} \qquad 16)$$

Damit ist die Lösung der allgemeinen Differentialgleichung gegeben. Die Anwendung auf die Fördermaschine ergibt sich durch Einsetzen der Werte: $k = B$; $c = \sqrt{\dfrac{2q}{M}}$; ferner wird aus praktischen Gründen der natürliche wieder durch den Briggeschen Logarithmus ersetzt.

$$t = 2{,}3\ \sqrt{\frac{M}{2q}}\ \log \frac{v\,\sqrt{\dfrac{2q}{M}} + \sqrt{B^2 + v^2\,\dfrac{2q}{M} - \mathfrak{v}^2\,\dfrac{2q}{M}}}{B + \mathfrak{v}\,\sqrt{\dfrac{2q}{M}}}; \qquad 17)$$

$$s = \frac{M}{2q}\left(\sqrt{B^2 + v^2\,\frac{2q}{M} - \mathfrak{v}^2\,\frac{2q}{M}} - B\right); \qquad 18)$$

$$b = \sqrt{B^2 + v^2\,\frac{2q}{M} - \mathfrak{v}^2\,\frac{2q}{M}}. \qquad 19)$$

Der Kleinstwert v_{min} der Geschwindigkeit im Auslauf ergibt sich aus Gleichung 19 mit $b = 0$:

$$0 = \sqrt{B^2 + v^2_{min}\,\frac{2q}{M} - \mathfrak{v}^2\,\frac{2q}{M}};$$

$$v_{min} = \sqrt{\frac{M}{2q}}\ \sqrt{\mathfrak{v}^2\,\frac{2q}{M} - B^2}. \qquad 20)$$

Setzt man in die vorstehenden Gleichungen statt v v_{max} ein, so erhält man die gesamte Auslaufzeit, den gesamten Auslaufweg und die Verzögerung beim Auslaufbeginn.

$$t_3 = 2{,}3\ \sqrt{\frac{M}{2q}}\ \log \frac{v_{max}\,\sqrt{\dfrac{2q}{M}} + \sqrt{B^2 + v^2_{max}\,\dfrac{2q}{M} - \mathfrak{v}^2\,\dfrac{2q}{M}}}{B + \mathfrak{v}\,\sqrt{\dfrac{2q}{M}}}; \qquad 17a)$$

$$s_3 = \frac{M}{2q}\left(\sqrt{B^2 + v^2_{max}\,\frac{2q}{M} - \mathfrak{v}^2\,\frac{2q}{M}} - B\right); \qquad 18a)$$

$$b_{max} = \sqrt{B^2 + v^2_{max}\,\frac{2q}{M} - \mathfrak{v}^2\,\frac{2q}{M}}; \qquad 19a)$$

Sofern man als Bezugspunkt wiederum statt des Endes den Beginn des Auslaufes wählen will, so ergibt sich mit: $t' = t_3 - t$, $s' = s_3 - s$,

$$t' = 2,3 \sqrt{\frac{M}{2\,q}} \log \frac{v_{max} + \sqrt{B^2 \frac{M}{2\,q} + v^2_{max} - \mathfrak{v}^2}}{v + \sqrt{B^2 \frac{M}{2\,q} + v^2 - \mathfrak{v}^2}}; \qquad 17\,b)$$

$$s' = \frac{M}{2\,q} \left(\sqrt{B^2 + v^2_{max} \frac{2\,q}{M} - \mathfrak{v}^2 \frac{2\,q}{M}} - \sqrt{B^2 + v^2 \frac{2\,q}{M} - \mathfrak{v}^2 \frac{2\,q}{M}} \right); \quad 18\,b)$$

Für $\mathfrak{v} = 0$ gehen sämtliche Gleichungen natürlich in die für den zunächst behandelten Sonderfall über.

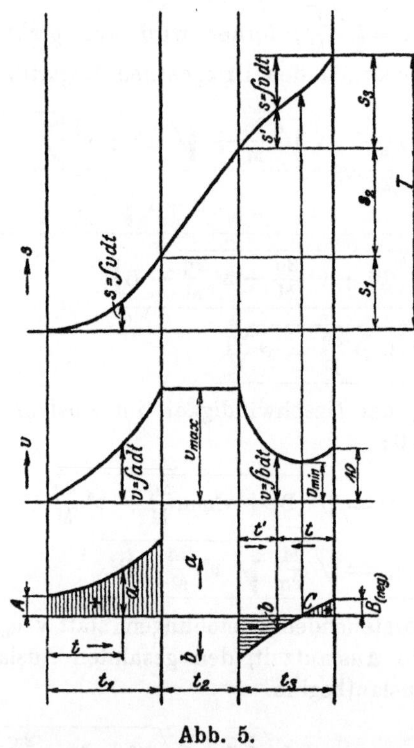

Abb. 5.

Auf Zeitgrundlage dargestellt führt die allgemeine Lösung mit $\mathfrak{v} > 0$ zu den Schaubildern der Abb. 5. Dem Punkte C entsprechen: $b = 0$, $v = v_{min}$, d. h., eine wagerechte Berührende der Geschwindigkeits-, sowie schließlich ein Wendepunkt der Weglinie. Diese ist zudem wegen des endlichen Wertes von $\mathfrak{v}$ in der Hängebankstellung gegen die Zeitaxe geneigt.

Es bleibt nun noch eine Möglichkeit zu untersuchen übrig, die durch die Bedingung $B = 0$ gekennzeichnet ist, also zwischen dem zuerst behandelten Sonderfall $B > 0$ und dem allgemeinen $B < 0$ liegt. Sie ist gegeben für eine Förderung, bei der in der Hängebankstellung Nutzlast zuzüglich der gesamten Reibung g'eich dem Seilübergewicht ist.

Wie man aus Gleichung 17a) für $\mathfrak{v} = 0$; $B = 0$ erkennt, ist ein freier Auslauf bis auf die Geschwindigkeit Null hier zwar theoretisch möglich,

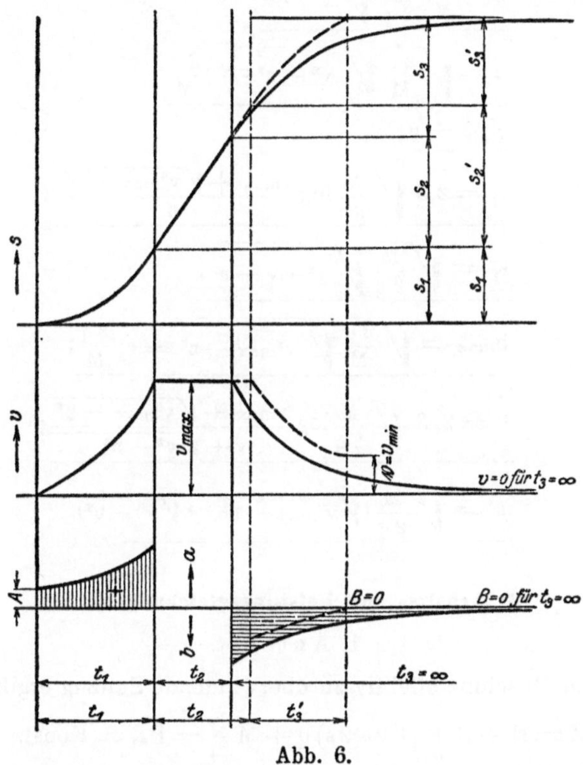

Abb. 6.

erfordert aber eine unendlich große Auslaufzeit t_3. Der gesamte Auslaufweg würde sein:

$$s_3 = v_{max} \sqrt{\frac{M}{2\,q}}; \qquad 19)$$

Die zugehörigen Schaubilder zeigt Abb. 6. Die Beschleunigungs-, Geschwindigkeits- und Weglinien verlaufen asymptotisch zur Zeitaxe.

Praktisch ist diese Lösung natürlich unbrauchbar, da nur endliche Zeitwerte in Frage kommen können. Man muß also, um dem gerecht zu werden, den Auslauf später beginnen lassen, als der Endgeschwindigkeit Null entspricht, hat also wieder einen endlichen Wert $\mathfrak{v}$ und eine gewaltsame zu vernichtende Endwucht $M\,\dfrac{\mathfrak{v}^2}{2}$ in den Kauf zu nehmen. Die entsprechenden Linien sind in die Abb. 6 punktiert eingetragen. Die zugehörigen Gleichungen ergeben sich ohne weiteres aus den früheren, indem $B = 0$ gesetzt wird:

$$t = 2,3\;\sqrt{\frac{M}{2\,q}}\;\log\frac{v + \sqrt{v^2 - \mathfrak{v}^2}}{\mathfrak{v}}; \tag{20}$$

$$s = \sqrt{\frac{M}{2\,q}}\;\sqrt{v^2 - \mathfrak{v}^2}; \tag{21}$$

$$b = \sqrt{\frac{2\,q}{M}}\;\sqrt{v^2 - \mathfrak{v}^2} = s\,\frac{2\,q}{M}; \tag{22}$$

$$v_{min} = \mathfrak{v};$$

$$t_3 = 2,3\;\sqrt{\frac{M}{2\,q}}\;\log\frac{v_{max} + \sqrt{v^2{}_{max} - \mathfrak{v}^2}}{\mathfrak{v}}; \tag{20a}$$

$$s_3 = \sqrt{\frac{M}{2\,q}}\;\sqrt{v^2{}_{max} - \mathfrak{v}^2}; \tag{21}$$

$$b_{max} = \sqrt{\frac{2\,q}{M}}\;\sqrt{v^2{}_{max} - \mathfrak{v}^2} = s_3\,\frac{2\,q}{M}; \tag{22a}$$

$$t' = 2,3\;\sqrt{\frac{M}{2\,q}}\;\log\frac{v_{max} + \sqrt{v^2{}_{max} - \mathfrak{v}^2}}{v + \sqrt{v^2 - \mathfrak{v}^2}}; \tag{20b}$$

$$s' = \sqrt{\frac{M}{2\,q}}\;(\sqrt{v^2{}_{max} - \mathfrak{v}^2} - \sqrt{v^2 - \mathfrak{v}^2}). \tag{21b}$$

B) Arbeits- und Leistungsgleichungen.

1. Anfahrt.

Der von der Maschine effektiv zu überwindende Seilzug ergibt sich zu:

$$Z = N + R + (T - 2\,s)\,q + M\,\frac{dv}{dt} = P_{e1} = \text{Konst.};$$

Aus den Bedingungen des Fahrtbeginnes läßt sich P_{e1} anders ausdrücken mit:

$$P_{e1} = N + R + T\,q + A\,M; = \text{Konst.};$$

Ersetzt man R durch R_1, so berücksichtigt man noch die Eigenreibung der Maschine und erhält den indizierten Seilzug:

$$P_{i1} = N + R_1 + T\,q + A\,M; = \text{Konst.};$$

Die von der Maschine während der gesamten Anfahrt zu leistende effektive und indizierte Arbeit wird:

$$Q_{e1} = P_{e1}\,s_1; \quad Q_{i1} = P_{i1}\,s_1;$$

Die augenblickliche effektive und indizierte Leistung ist:

$$L_{e1} = \frac{P_{e_1} v}{75}; \quad L_{i1} = \frac{P_{i_1} v}{75};$$

Die Mittelwerte der Leistungen werden durch Einführen der mittleren Korbgeschwindigkeit $v_{m1} = \frac{s_1}{t_1}$ erhalten:

$$L_{me1} = \frac{P_{e1} s_1}{75 \, t_1}; \quad L_{mi1} = \frac{P_{i_1} s_1}{75 \, t_1}. \qquad \text{23) 23a)}$$

2. Beharrungsabschnitt.

Hier hat die Maschine effektiv nur den statischen Seilzug $Z = N + R + (T - 2s) q$ zu überwinden. Dieser nimmt nach der obigen Beziehung ständig ab. Die gesamten, von der Maschine während der Beharrung geleisteten effektiven und indizierten Arbeiten sind:

$$Q_{e2} = \int_{s_1}^{s_1 + s_2} [N + R + (T - 2s) q] \, ds;$$

$$Q_{i2} = \int_{s_1}^{s_1 + s_2} [N + R_1 + (T - 2s) q] \, ds;$$

$$Q_{e2} = s_2 [N + R + (T - 2s_1 - s_2) q];$$

$$Q_{i2} = s_2 [N + R_1 + (T - 2s_1 - s_2) q].$$

Da die Ausdrücke in den eckigen Klammern die Mittelwerte des effektiven bzw. indizierten Seilzuges während der Beharrung sind, so wird ohne weiteres die mittlere effektive Leistung

$$L_{me2} = \frac{N + R + (T - 2s_1 - s_2) q}{75} v_{max}; \qquad \text{24)}$$

die mittlere indizierte Leistung:

$$L_{mi2} = \frac{N + R_1 + (T - 2s_1 - s_2) q}{75} v_{max}. \qquad \text{24a)}$$

Die natürlich nur für den Fall eines vollkommen freien Auslaufes bis auf die Endgeschwindigkeit Null geltenden Arbeitsgrundgleichungen:

$$Q_{e_1} + Q_{e2} = (N + R) T;$$
$$Q_{i_1} + Q_{i2} = (N + R_1) T;$$

können zur Nachprüfung benutzt werden. Die Gleichungen lassen sich auch in der Form bringen:

$$75 \, (L_{me1} \, t_1 + L_{me2} \, t_2) = (N + R) T;$$

$$75 \, (L_{mi1} \, t_1 + L_{mi2} \, t_2) = (N + R_1) T;$$

2. Die Maschine mit zylindrischen Trommeln bezw. Treibscheibe und Unterseil, leichter als Oberseil.

(Abb. 7.)

Die nachteiligen Eigenschaften der Maschine mit zylindrischen Trommeln ohne Unterseil, die die älteste Form der Fördermaschine darstellt, hat seit langem zu dem Bestreben geführt, den schädlichen Einfluß des Seilgewichtes auszuschalten. Hierzu war zunächst lediglich die Tatsache maßgebend, daß sich infolge des stetig — vielfach sogar bis ins negative Gebiet — abnehmenden Lastmomentes die Maschine zum Fahrtschluß nur schlecht und unbequem steuern ließ. Der zweite Gesichtspunkt, daß eine derartige Maschine infolge der langen Anfahrt- und Auslaufabschnitte nur eine verhältnismäßig kleine Schachtleistung, wegen des langsamen Anwachsens der Geschwindigkeit unnötig große Niederschlags- und Lässigkeitsverluste in den Zylindern, schließlich infolge des fast stets notwendigen Gegendampfgebens eine schlechte Energieausnutzung besitzt, trat notwendigerweise in einer Zeit zurück, in der Betriebssicherheit und leichte Steuerbarkeit noch das einzige waren, was man von einer Fördermaschine verlangte. Abgesehen von verschiedenen Ausgleicharten durch Gegengewichte, die niemals zu praktischer Bedeutung gelangt sind, haben in jener Zeit vor allem die Kegeltrommeln und Bobinen, bei denen das statische Lastmoment während des ganzen Zuges mehr oder weniger unveränderlich geha ten werden konnte, große Verbreitung gefunden.

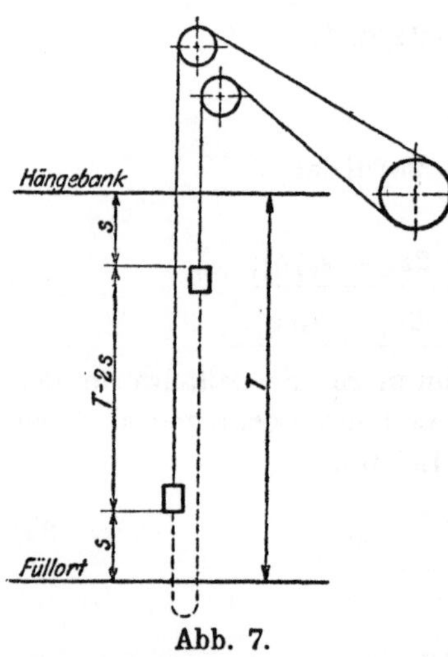

Abb. 7.

Deren Nachteil bildet vor allem der Umstand, daß infolge des verschiedenen Wickelhalbmessers der beiden Trommeln das Umsetzen der beiden Körbe nur nacheinander und nicht gleichzeitig, deshalb auch nur unter großem Zeitverlust erfolgen konnte. Heute haben diese Ausgleicharten, die späterhin noch behandelt werden sollen, aus diesem Grunde nur noch geringe Bedeutung. Günstiger erwies sich, besonders für das Umsetzen, das Hinzufügen des Unterseiles zu der normalen Maschine mit zylindrischen Trommeln. Anfäng'ich hat man vielfach den Umstand nicht genügend berücksichtigt, daß dieses scheinbar wenig beanspruchte Unterseil durch die scharfe Biegung im Schachttiefsten außerordentlich ungünstig belastet wurde, sofern es nicht nach

Bauart und Baustoff gerade unter diesem Gesichtspunkt ausgewählt war. Die Verwendung abgelegter Förder-Rundseile mußte zu Mißerfolgen führen und nur aus solchen verfehlten Versuchen läßt sich die früher des öfteren, so z. B. in der Studie von Kammerer „Die Lastenförderung einst und jetzt" geäußerte Ansicht erklären, Unterseile seien nicht betriebssicher und höchstens bis zu 700 m Teufe zu verwenden. Dieses Urteil ist durch die Entwicklung widerlegt. Die heute an erster Stelle stehenden Treibscheibenmaschinen sind nur mit Unterseil möglich, dessen Bruch die gleichen unheilvollen Folgen bedingt, wie ein Bruch des Oberseils. Die immer mehr zunehmende Verbreitung der Treibscheiben beweist am besten, daß die Praxis ein richtig bemessenes Unterseil für ebenso zuverlässig erachtet, als das Förderseil. Bezüglich der bei Unterseilförderung noch als zulässig angesehenen Teufen sei erwähnt, daß z. B. auf der z. Zt. tiefsten Zeche des Ruhrreviers, der Gewerkschaft Westfalen, drei Treibscheibenmaschinen aus 1100 m Teufe bei 25 m Höchstgeschwindigkeit fördern. Das Mißtrauen gegen das Unterseil führte anfänglich und zuweilen auch noch heute dazu, dieses leichter als das Oberseil und nur so schwer zu wählen, daß negative Momente zum Fahrtende mit Sicherheit vermieden bleiben. Für diesen Fall seien zunächst die zur Berechnung erforderlichen Formeln aufgestellt:

A) Geschwindigkeits- und Weggleichungen.

Der jeweilige, auf das aufgehende Seil bezogene statische Gesamtwiderstand ergibt sich nach Abb. 7 zu:

$$Z = N + R_1 + (T - 2s)\,d;$$

Die Anfahrbeschleunigung nach Zurücklegung des Wertes s ist

$$a = A + \frac{2\,d}{M}\,s;$$

entsprechend die Verzögerung für den, durch s bzw. s' gekennzeichneten Punkt des Auslaufes:

$$b = B + \frac{2\,d}{M}\,s;$$

In diesen Gleichungen ist: $A = \dfrac{P_{j_1} - (N + T\,d + R_1)}{M}$; $B = \dfrac{N - T\,d + R_1}{M}$

zu setzen. Sämtliche Ausdrücke unterscheiden sich von den für die Maschine ohne Unterseil ermittelten nur dadurch, daß an die Stelle von q jedesmal d tritt. Demnach gelten auch sämtliche bereits früher abgeleitete Gleichungen sowie ebenfalls die Schaubilder der Abb. 2 und 3 mit dieser einzigen Änderung. Der Übersichtlichkeit wegen seien die Formeln in der neuen Fassung hier noch einmal zusammengestellt:

1. Anfahrt.

$$t = 2,3 \sqrt{\frac{M}{2\,d}} \log \frac{v \sqrt{\frac{2\,d}{M}} + \sqrt{A^2 + v^2 \frac{2\,d}{M}}}{A}; \qquad 25)$$

$$s = \frac{M}{2\,d}\left(\sqrt{A^2 + v^2 \frac{2\,d}{M}} - A\right); \qquad 26)$$

$$a = \sqrt{A^2 + v^2 \frac{2\,d}{M}}; \qquad 27)$$

$$t_1 = 2,3 \sqrt{\frac{M}{2\,d}} \log \frac{v_{max} \sqrt{\frac{2\,d}{M}} + \sqrt{A^2 + v^2_{max} \frac{2\,d}{M}}}{A}; \qquad 25a)$$

$$s_1 = \frac{M}{2\,d}\left(\sqrt{A^2 + v^2_{max} \frac{2\,d}{M}} - A\right); \qquad 26a)$$

$$a_{max} = \sqrt{A^2 + v^2_{max} \frac{2\,d}{M}}; \qquad 27a)$$

2. Auslauf.

$$t = 2,3 \sqrt{\frac{M}{2\,d}} \log \frac{v \sqrt{\frac{2\,d}{M}} + \sqrt{B^2 + v^2 \frac{2\,d}{M}}}{B}; \qquad 28)$$

$$s = \frac{M}{2\,d}\left(\sqrt{B^2 + v^2 \frac{2\,d}{M}} - B\right); \qquad 29)$$

$$b = \sqrt{B^2 + v^2 \frac{2\,d}{M}}; \qquad 30)$$

$$t_3 = 2,3 \sqrt{\frac{M}{2\,d}} \log \frac{v_{max} \sqrt{\frac{2\,d}{M}} + \sqrt{B^2 + v^2_{max} \frac{2\,d}{M}}}{B}; \qquad 28a)$$

$$s_3 = \frac{M}{2\,d}\left(\sqrt{B^2 + v^2_{max} \frac{2\,d}{M}} - B\right); \qquad 29a)$$

$$b_{max} = \sqrt{B^2 + v^2_{max} \frac{2\,d}{M}}; \qquad 30a)$$

$$t' = 2,3 \sqrt{\frac{M}{2\,d}} \log \frac{v_{max} + \sqrt{B^2 \frac{M}{2\,d} + v^2_{max}}}{v + \sqrt{B^2 \frac{M}{2\,d} + v^2}}; \qquad 28b)$$

$$s' = \frac{M}{2\,d}\left(\sqrt{B^2 + v^2_{max} \frac{2\,d}{M}} - \sqrt{B^2 + v^2 \frac{2\,d}{M}}\right). \qquad 29b)$$

Da hier B stets positive Werte besitzt, sind entsprechende Formeln zu den früheren 17—22 praktisch bedeutungslos.

3. Beharrung.

Die früheren Formeln 12 und 13, in denen der Ausdruck q nicht vorkommt, gelten auch hier ohne weiteres.

B) Arbeits- und Leistungsgleichungen.

1. Anfahrt.

$$P_{e_1} = N + R + Td + AM; \quad P_{i_1} = N + R_1 + Td + AM;$$

Für Arbeit und mittlere Leistung gelten wieder die früheren Formeln 23) und 23a), vergl. S. 23 unverändert.

2. Beharrung.

$$Q_{e_2} = s_2 \left[N + R + (T - 2s_1 - s_2)\,d \right];$$

$$Q_{i_2} = s_2 \left[N + R_1 + (T - 2s_1 - s_2)\,d \right];$$

$$L_{me_2} = \frac{N + R + (T - 2s_1 - s_2)\,d}{75}\,v_{max}; \qquad 31)$$

$$L_{mi_2} = \frac{N + R_1 + (T - 2s_1 - s_2)\,d}{75}\,v_{max}. \qquad 31a)$$

Infolge der Kleinheit von d gegenüber q werden hier Länge und Dauer von Anfahrt und Auslauf kleiner, d. h. also günstiger als bei der Maschine ohne Unterseil.

Natürlich bedeutet das Hinzutreten des Unterseiles und die dadurch notwendig werdende schwerere Bauart der Körbe eine entsprechende Vergrößerung der bewegten Massen. Darin liegt auf der anderen Seite wieder eine Vergrößerung von Anfahr- und Auslaufzeit. Im Ganzen bleibt aber der günstige Einfluß des Unterseiles auf die dynamischen Verhältnisse bei weitem der größere. Seine Vorteile für den gleichmäßigen Verlauf des statischen Momentes und die Steuerbarkeit der Maschine wurden bereits erwähnt.

3. Die Maschine mit zylindrischen Trommeln oder Treibscheibe und Unterseil, ebensoschwer wie Oberseil.

Diese Art des Ausgleiches, im besonderen für den Fall der Treibscheibenmaschine, bildet heute in Deutschland die Regel. Das Geschwindigkeitsschaubild setzt sich aus geraden Linien zusammen Abb. 8. Die einzelnen Beziehungen lassen sich ohne weiteres hinschreiben:

        Unterseil ebenso schwer wie Oberseil.

A) Geschwindigkeits- und Weggleichungen.

1. Anfahrt.

$$t = \frac{v}{A}; \qquad\qquad t_1 = \frac{v_{max}}{A}, \qquad\qquad 32)\ 32a)$$

$$s = \frac{v^2}{2A}; \qquad\qquad s_1 = \frac{v^2_{max}}{2A}. \qquad\qquad 33)\ 33a)$$

$$a = A = \text{Konst.} \qquad\qquad 34)$$

2. Auslauf.

$$t = \frac{v}{B}; \qquad t_1 = \frac{v_{max}}{B}; \qquad t' = \frac{v_{max} - v}{B}; \qquad 35)\ 35a)\ 35b)$$

$$s = \frac{v^2}{2B}; \qquad s_3 = \frac{v^2_{max}}{2B}; \qquad s' = \frac{v^2_{max} - v^2}{2B}; \qquad 36)\ 36a)\ 36b)$$

$$b = B = \text{Konst.} \qquad\qquad 34b)$$

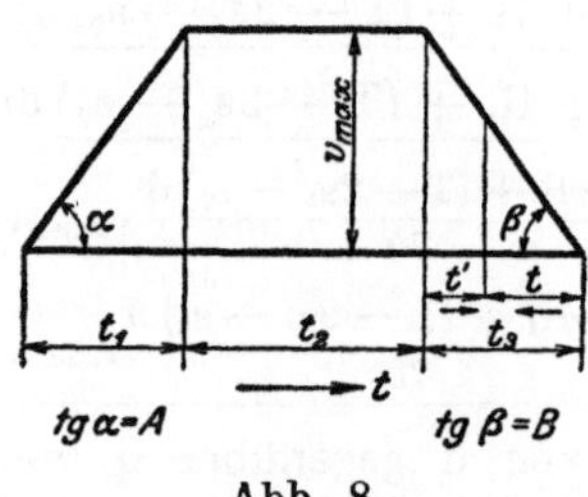

Abb. 8.

3. Beharrung.

Hierfür gelten wieder unverändert die früheren Formeln 12 und 13.

B) Arbeits- und Leistungsgleichungen.

1. Anfahrt.

$$P_{e_1} = N + R + A\,M; \qquad P_{i.} = N + R_1 + A\,M.$$

**Für Arbeit und mittlere Leistung bleiben die früheren Formeln
23) und 23 a) vergl. S. 23 bestehen.**

2. Beharrung.

$$Q_{e_2} = (N + R)\,s_2; \qquad Q_{i_2} = (N + R_1)\,s_2;$$

$$L_{e_2} = \frac{N + R}{75}\,v_{max} = L_{me2} = \text{Konst.}; \qquad\qquad 37)$$

$$L_{i_2} = \frac{N + R_1}{75}\,v_{max} = L_{mi2} = \text{Konst.} \qquad\qquad 37a)$$

4. Die Maschine mit zylindrischen Trommeln oder Treibscheibe und Unterseil, schwerer als Oberseil.

Nachdem sich ein richtig bemessenes Unterseil als vollkommen betriebssicher erwiesen hatte, ist man in letzter Zeit vielfach dazu übergegangen, sein Gewicht gegenüber dem des Oberseiles zu vergrößern. Die Vorteile eines derartigen Überausgleiches für das dynamische Verhalten der Maschine liegen auf der Hand. Infolge des schwereren Unterseiles wird bei Fahrtbeginn das aufgehende Trum entlastet, das resultierende widerstehende statische Moment also verkleinert. Bei gleicher Größe der von der Maschine hergegebenen indizierten Zugkraft P_{i_1} wird also gegenüber der Förderung mit Unterseil gleich Oberseil der auf die Massenbeschleunigung entfallende Teil von P_{i_1} größer, mithin auch die Beschleunigung. Im weiteren Verlaufe der Anfahrt sinkt deren Wert allmählich, da das schwerere Unterseil nach und nach auf die andere Seite geht. Im ganzen wird aber die Anfahrzeit wesentlich kürzer als bei vollständigem Seilausgleich. Ferner kommt die Maschine schneller auf ihre höchste Drehzahl, was für die Kleinhaltung der Abkühlungs- und Lässigkeitsverluste in den Dampfzylindern von Bedeutung ist. Beim Auslauf, bei dem das schwerere Unterseil in ständig wachsendem Maße das aufgehende Trum belastet, wächst das statische Moment ständig, damit auch die Korbverzögerung. Es wird also auch die Auslaufzeit kürzer, als unter sonst gleichen Verhältnissen bei vollkommenem Seilausgleich.

Das schwerere Unterseil ist mithin zunächst besonders am Platze für Maschinen, die große Förderleistungen in der Zeiteinheit zu bewältigen haben. Die notwendige Abkürzung der Zugdauer wird hier statt durch unwirtschaftliches Bremsen oder Gegendampfgeben in einwandfreier Weise ohne Energieverschwendung erreicht. Natürlich darf die Vergrößerung des Unterseilgewichtes nicht zu weit getrieben werden. Einerseits würde das eine unzulässige Vergrößerung der Gesamtmassen, sowie der Beanspruchung von Seilen und Förderkörben bedeuten. Zum anderen darf aber auch die Verzögerung des freien Auslaufes in der Hängebank mit Rücksicht auf eine sichere Beherrschung der Maschine einen Wert von 1,3—1,5 m/sk² nicht überschreiten. Ausführungen zeigen einen Unterschied im Metergewicht bis zu etwa 3 kg.

A. Geschwindigkeits- und Weggleichungen.

Abb. 9 zeigt die auf Weggrundlage verzeichneten Schaubilder der Kräfte und Beschleunigungen. Der gesamte, aufs Seil bezogene Widerstand wächst linear mit s von $N - T d + R_1$ bei Fahrtbeginn auf $N + T d + R_1$ am Fahrtende.

Die Beschleunigung nach Zurücklegung des Weges s ist:

$$a = \frac{d_2 s}{dt^2} = A - \frac{2d}{M}s;$$

und die Verzögerung des rückwärts vor sich gehend gedachten Auslaufes ebenfalls nach Zurücklegung des Weges s:

$$b = \frac{d_2 s}{dt^2} = B - \frac{2d}{M}s.$$

Hierin ist $A = \dfrac{Pi_1 - (N - T\,d + R_1)}{M}$; $B = \dfrac{N + T\,d + R_1}{M}$ zu setzen.

Die Gleichungen für a und b entsprechen mithin beide einer Differential-gleichung von der Form:

$$\frac{d_2 s}{dt^2} = k - c^2 s.$$

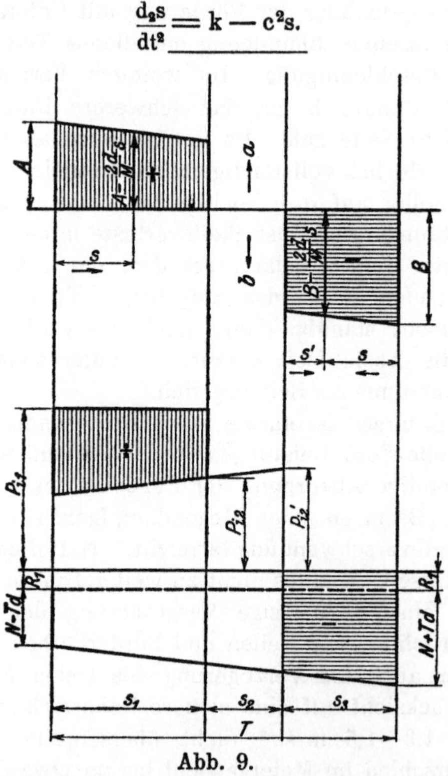

Abb. 9.

Würde das Störungsglied fehlen, so lieferte die Substitution $s = e^{\mu t}$ nach zweimaliger Ableitung die beiden partikulären Integrale:

$$s = e^{ict}; \quad \text{und} \quad s = e^{-ict}.$$

Daraus setzt sich das allgemeine Integral der nicht homogenen Ausgangsgleichung unter Zuhilfenahme der beiden Unveränderlichen C_1 und C_2 und Hinzufügung des Gliedes $\dfrac{k}{c^2}$ zusammen zu:

$$s = C_1 \, e^{ict} + C_2 \, e^{-ict} + \frac{k}{c^2}.$$

Es ist:

$$e^{ict} = \cos ct + i \sin ct;$$
$$e^{-ict} = \cos ct - i \sin ct;$$
$$s = (C_1 + C_2) \cos ct + i (C_1 - C_2) \sin ct + \frac{k}{c^2};$$

mit $(C_1 + C_2) = C = \text{Konst.};$ und

$i (C_1 - C_2) = C' = \text{Konst.}$ lautet die Gleichung:

$$s = C \cos ct + C' \sin ct + \frac{k}{c^2}.$$

Deren erste Ableitung liefert:

$$v = \frac{ds}{dt} = C' c \cos ct - C c \sin ct;$$

Mit den Grenzbedingungen $t = 0 : s = 0; \frac{ds}{dt} = 0$ wird:

$$C = -\frac{k}{c^2}; \quad C' = 0.$$

Damit geht zunächst die Gleichung für v über in:

$$v = \frac{k}{c} \sin ct;$$
$$t = \frac{1}{c} \arcsin \frac{v\,c}{k}. \tag{38}$$

Ferner wird $s = \dfrac{k}{c^2} (1 - \cos ct)$ und unter Berücksichtigung von:

$\sin ct = \dfrac{v\,c}{k}$

$$s = \frac{k}{c^2} \left(1 - \sqrt{1 - \frac{v^2 c^2}{k^2}} \right)$$
$$s = \frac{1}{c^2} \left(k - \sqrt{k^2 - v^2 c^2} \right). \tag{39}$$

Die erste Ableitung von Gleichung 38 liefert schließlich

$$\frac{dv}{dt} = \frac{d^2 s}{dt^2} = k \cos ct; \tag{40}$$

oder unter Benützung der Gleichung: $\cos ct = 1 - \dfrac{s\,c^2}{k}$:

$$\frac{dv}{dt} = \sqrt{k^2 - v^2 c^2}. \tag{40a}$$

Aus den Gleichungen 38 und 40 erkennt man, daß sich die vorliegende Aufgabe auf eine harmonische Schwingung zurückführen läßt, die eine Schwingungsdauer $T = \dfrac{2\pi}{c}$ besitzt. Für $t = 0$ wird $\dfrac{dv}{dt} = k$. Mit wachsendem t nimmt $\dfrac{dv}{dt}$ ab, um für $t = \dfrac{\pi}{2c}$ den Wert Null zu erreichen.

Wächst t darüber hinaus, so wird $\dfrac{dv}{dt}$ negativ, für den Wert $t = \dfrac{\pi}{c} = -k$; für $t = \dfrac{3\pi}{2c}$ wieder zu Null. Bei $t = \dfrac{2\pi}{c} = T$ ist der Anfangswert k wieder erreicht, d. h. die volle Schwingung durchlaufen.

Entsprechend verläuft v mit dem Sinus c t. Für $t = 0$ wird $v = 0$. Mit $t = \dfrac{\pi}{2c}$ ist der Höchstwert $v_{max} = \dfrac{k}{c}$ verwirklicht. Für $t = \dfrac{\pi}{c}$ wird $v = 0$, für $t = \dfrac{3\pi}{2c}$ ergibt sich $v = -\dfrac{k}{c}$ und hier $t = \dfrac{2\pi}{c}$ ist der Anfangszustand mit $v = 0$ auch hier wieder erreicht.

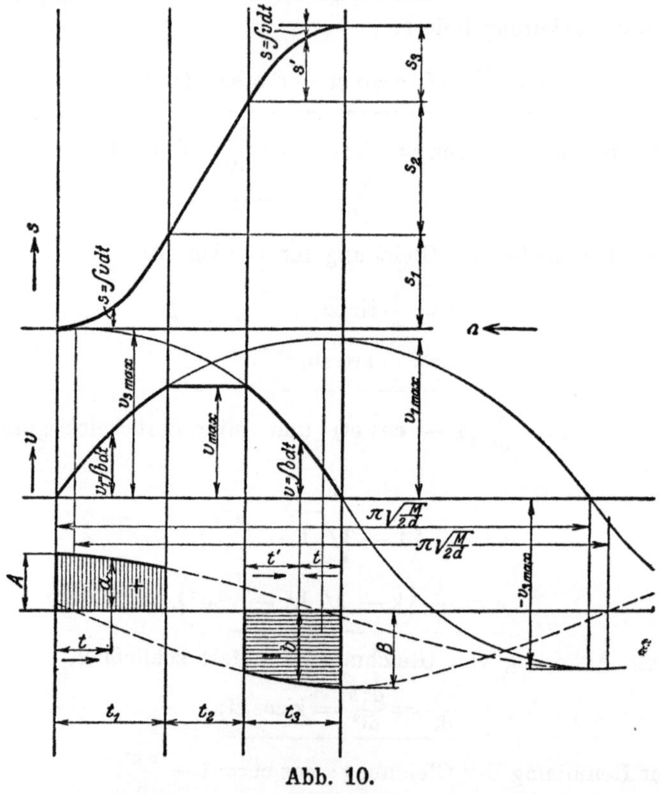

Abb. 10.

Die Gleichgewichtslage ist durch die Bedingungen $\dfrac{dv}{dt} = 0 : v = v'_{max} = \dfrac{k}{c}$ bestimmt. Der zugehörige Korbweg ergibt sich hieraus zu

$$s' = \frac{k}{c^2}.$$

Damit eine reelle Schwingung überhaupt möglich ist, muß dieses Gleichgewicht ein stabiles sein. Daß diese Bedingung bei schwererem Unterseil erfüllt ist, lehrt bereits die einfache Anschauung. Bei der zuerst behandelten Maschine mit fehlendem oder leichterem Unterseil ist dagegen nur ein labiles Gleichgewicht möglich. Deshalb wird auch dort die Schwingung imaginär. Die Gleichungen für v und $\dfrac{dv}{dt}$ haben also dort einen anderen Aufbau und zeigen nicht den durch die Kreisfunktionen bestimmten regelmäßigen Wechsel. Nach den früheren Ableitungen drücken sich in Abhängigkeit von der Zeit Geschwindigkeit und Beschleunigung vielmehr durch Hyperbelfunktionen aus, deren Periode imaginär ist.

Die Anwendung der allgemeinen Gleichungen auf die Fördermaschine ergibt sich durch Einführen der Werte für k und c.

1. Anfahrt.

$$k = A; \quad c = \sqrt{\frac{2\,d}{M}};$$

$$t = \sqrt{\frac{M}{2\,d}} \; \text{arc sin} \left(\frac{v}{A} \sqrt{\frac{2\,d}{M}} \right); \qquad 41)$$

$$s = \frac{M}{2\,d} \left(A - \sqrt{A^2 - v^2 \frac{2\,d}{M}} \right); \qquad 42)$$

$$a = \sqrt{A^2 - v^2 \frac{2\,d}{M}}. \qquad 43)$$

Die gesamte Anfahrzeit, der gesamte Anfahrweg und die Beschleunigung am Ende der Anfahrt ergeben sich durch Einsetzen von v_{max} statt v in die vorstehenden Gleichungen:

$$t_1 = \sqrt{\frac{M}{2\,d}} \; \text{arc sin} \left(\frac{v_{max}}{A} \sqrt{\frac{2\,d}{M}} \right); \qquad 41a)$$

$$s_1 = \frac{M}{2\,d} \left(A - \sqrt{A^2 - v^2_{max} \frac{2\,d}{M}} \right); \qquad 42a)$$

$$a_{min} = \sqrt{A^2 - v^2_{max} \frac{2\,d}{M}}; \qquad 43a)$$

Die Gleichgewichtslage der Schwingung würde nach Zurücklegen des Weges $s'_1 = \dfrac{A\,M}{2\,d}$ erreicht sein. Dieser Stellung würde $a = 0$ und die überhaupt erreichbare Höchstgeschwindigkeit $v'_{1max} = A \sqrt{\dfrac{M}{2\,d}}$ entsprechen. In allen praktischen Fällen wird, wie eine Proberechnung mit der Wirklichkeit entsprechenden Zahlenwerten zeigt, diese Gleichgewichtslage bei weitem nicht erreicht, so daß also auch die volle Schwingung niemals durchlaufen werden kann. (Vergleiche Abb. 10.)

2. Auslauf.

$$k = B; \qquad c = \sqrt{\frac{2\,d}{M}};$$

$$t = \sqrt{\frac{M}{2\,d}} \; \text{arc sin} \left(\frac{v}{B} \sqrt{\frac{2\,d}{M}} \right); \qquad\qquad 44)$$

$$s = \frac{M}{2\,d} \left(B - \sqrt{B^2 - v^2 \frac{2\,d}{M}} \right); \qquad\qquad 45)$$

$$b = \sqrt{B^2 - v^2 \frac{2\,d}{M}}; \qquad\qquad 46)$$

$$t_3 = \sqrt{\frac{M}{2\,d}} \; \text{arc sin} \left(\frac{v_{max}}{B} \sqrt{\frac{2\,d}{M}} \right); \qquad\qquad 44a)$$

$$s_3 = \frac{M}{2\,d} \left(B - \sqrt{B^2 - v^2_{max} \frac{2\,d}{M}} \right); \qquad\qquad 45a)$$

$$b_{min} = \sqrt{B^2 - v^2_{max} \frac{2\,d}{M}}; \qquad\qquad 46a)$$

Setzt man auch hier wieder als Bezugspunkt nicht das Ende, sondern den Beginn des Auslaufes, so wird mit $t' = t_3 - t$, $s' = s_3 - s$:

$$t' = \sqrt{\frac{M}{2\,d}} \left[\text{arc sin} \left(\frac{v_{max}}{B} \sqrt{\frac{2\,d}{M}} \right) - \text{arc sin} \left(\frac{v}{B} \sqrt{\frac{2\,d}{M}} \right) \right]; \qquad 44b)$$

$$s' = \frac{M}{2\,d} \left(\sqrt{B^2 - v^2 \frac{2\,d}{M}} - \sqrt{B^2 - v^2_{max} \frac{2\,d}{M}} \right). \qquad\qquad 45\,b)$$

Die Gleichgewichtslage der Schwingung mit $s'_3 = \dfrac{BM}{2\,d}$, $b = 0$ und $v'_{3max} = B \sqrt{\dfrac{M}{2\,d}}$ entspricht hier der Grenzstellung, von der aus ein Auslauf ohne zusätzlichen äußeren Anstoß noch denkbar ist. Auch diese Lage kommt für alle praktischen Fälle nicht in Frage. (Vergleiche Abb. 10.)

3. Beharrung.

Die Formeln 12 und 13 bleiben unverändert bestehen.

Der Einfluß einer verschiedenen Bemessung des Unterseiles ist an dem Beispiel einer neuzeitlichen Achtwagenförderung mit 6000 kg Nutzlast aus 750 m Teufe für folgende drei Fälle durchgerechnet:

1. Unterseil 3 kg/lfd m leichter als das Oberseil mit einem Metergewicht von 13 kg.

2. Unterseil gleich Oberseil.

3. Unterseil 3 kg/lfd m schwerer als das Oberseil. Bei den Rechnungen ist für die Anfahrt jedesmal dieselbe Zylinderfüllung, mithin

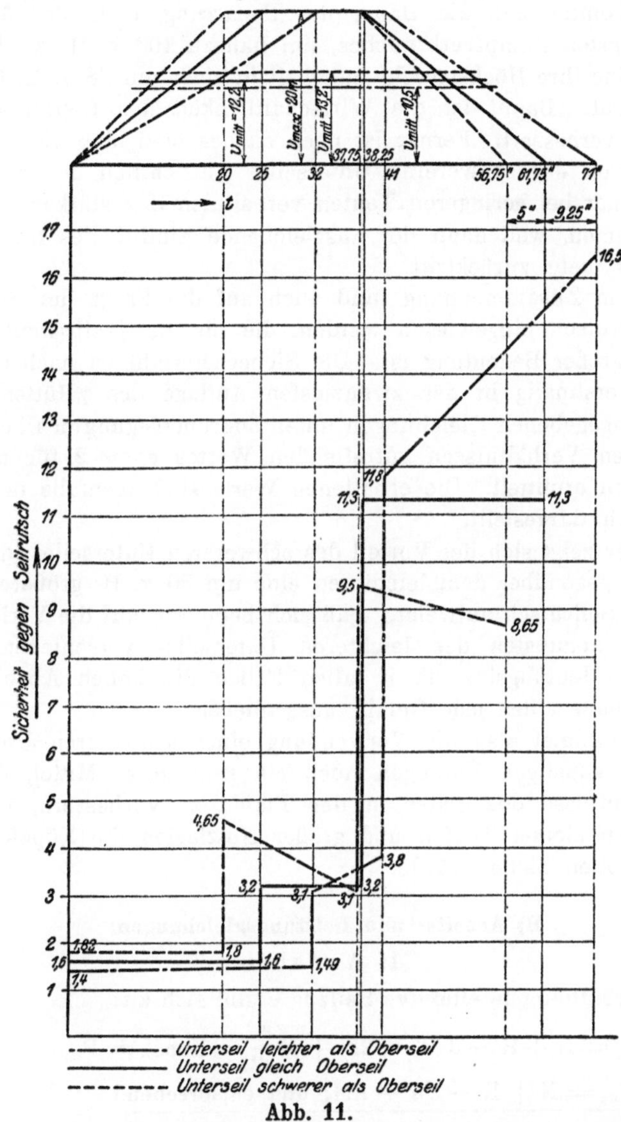

Abb. 11.

das gleiche treibende Moment der Maschine zugrunde gelegt. Der
Auslauf erfolgt in allen Fällen frei, also ohne Gegen- oder Staudampf.

Die gewonnenen Ergebnisse sind in Abb. 11 zusammengestellt und
zeigen deutlich den Vorteil des Überausgleiches. Gegenüber dem leich-

teren Unterseil, das früher viel angewendet wurde, ergibt das schwerere eine um 20 v. H. kürzere Zugdauer, mithin eine entsprechend größere Leistungsfähigkeit der Maschine.

Hinzu kommt, daß die Dauer der Beharrung, d. h. der Abschnitt des günstigsten Dampfverbrauches, um nahezu 100 v. H. wächst, und die Maschine ihre Höchstgeschwindigkeit in einer um 38 v. H. kürzeren Zeit erreicht. Damit ist die Wirtschaftlichkeit des Betriebes außerordentlich verbessert. Ferner ist noch zu beachten, daß die günstigen Eigenschaften des schwereren Unterseiles hinsichtlich der Abkürzung der Zugdauer bei geringeren Teufen verhältnismäßig stärker zum Ausdruck kommen, weil dann der ausgleichende Einfluß des Beharrungsabschnittes mehr zurücktritt.

In diesem Zusammenhang muß auch auf die Frage der Sicherheit gegen Seilrutsch hingewiesen werden, die für die Treibscheibenförderung von großer Bedeutung ist. Die Sicherheitszahl ist nach den vom Verfasser erstmalig in der zwanzigsten Auflage des „Hüttentaschenbuches" angegebenen Gleichungen unter Zugrundelegung des bei durchschnittlichen Verhältnissen zutreffenden Wertes $e^{\mu\alpha} = 2$ für alle drei Förderungen ermittelt. Die erhaltenen Werte sind ebenfalls in Abb. 11 zeichnerisch dargestellt.

Auch hier zeigt sich der Vorteil des schwereren Unterseiles, das beim Zugbeginn gegenüber dem leichteren eine um 30 v. H. größere Sicherheit gegen Seilrutsch aufweist. Daß sich beim Auslauf die Verhältnisse umgekehrt zugunsten des leichteren Unterseiles verschieben, bleibt praktisch bedeutungslos, da in allen Fällen die hohen Absolutwerte der Sicherheitszahlen jede Gefahr ausschließen.

Hiernach bietet also die Verwendung eines schwereren Unterseiles neben den sonstigen Vorzügen noch ein sehr gutes Mittel, die Reibungsverhältnisse des Seiles in den Fällen zu verbessern, in denen sonst wegen kleiner Teufen und großer Nutzlasten die Köpeförderung Schwierigkeiten bieten würde.

B) Arbeits- und Leistungsgleichungen.

1. Anfahrt.

Der resultierende effektive Seilzug ergibt sich zu:

$$Z_1 = N + R - d(T - 2s) + M\frac{dv}{dt} = \text{Konst.} = P_{e_1}.$$

$$P_{e_1} = N + R - Td + AM; \quad \text{und entsprechend}$$

$$P_{i_1} = N + R_1 - Td + AM;$$

Für die gesamte Arbeit der Maschine während der Anfahrt, die augenblickliche und die mittlere Leistung gelten auch hier wieder die früheren Formeln 23 und 23 a, vgl. S. 23.

2. Beharrung.

Der hier allein in Frage kommende statische Seilzug wird allgemein ausgedrückt durch:

$$Z_2 = N + R - d(T - 2s).$$

Dieser Wert nimmt mit wachsendem s ständig zu. Die insgesamt zu leistende effektive und indizierte Arbeit ist:

$$Q_{e2} = \int_{s_1}^{s_1 + s_2} [N + R - d(T - 2s)]\, ds.$$

$$Q_{e2} = s_2 [N + R - (T - 2s_1 - s_2)\, d]; \quad \text{entsprechend}$$

$$Q_{i2} = s_2 [N + R_1 - (T - 2s_1 - s_2)\, d].$$

Die Ausdrücke in den eckigen Klammern stellen die Mittelwerte der effektiven bzw. indizierten Seilzüge dar, mithin ergeben sich die mittlere effektive und indizierte Maschinenleistung zu:

$$L_{me2} = \frac{N + R - (T - 2s_1 - s_2)\, d}{75}\, v_{max}; \qquad 47)$$

$$L_{mi2} = \frac{N + R_1 - (T - 2s_1 - s_2)\, d}{75}\, v_{max}. \qquad 47a)$$

5. Die Maschine mit Bobinen.

Wegen der außerordentlich geringen Haltbarkeit der Flachseile gegenüber der von neuzeitlichen Stahldraht-Rundseilen, sowie der Umständlichkeit des Umsetzens bei Flachseilförderungen haben die Bobinen in Deutschland nur noch geringe Bedeutung. Man findet sie fast nur im Abteufbetrieb oder vereinzelt auf gleicher Axe mit einer zur normalen Förderung benutzten Treibscheibe. Bei Wassereinbrüchen werden Seile und Seilscheiben umgewechselt und die Bobinen zum Wasserziehen benutzt. Diese Umstellung ist natürlich sehr zeitraubend, der praktische Wert der ganzen Einrichtung also zweifelhaft, da bei plötzlichen Wasserzuflüssen natürlich schnellste Hilfe nottut. Im Auslande und auch in lothringischen Gruben finden sich Bobinenförderungen — vielfach unter Benutzung von Aloebandseilen — auch heute noch häufiger im Hauptförderbetriebe. Zuweilen wird demnach an den Fördermaschinenkonstrukteur auch die Aufgabe herantreten, die dynamischen Verhältnisse einer Flachseilförderung zwecks Festlegung des Dampfverbrauches und der günstigsten Fahrweise zu untersuchen. Die

Verhältnisse liegen für eine genaue rechnerische Behandlung, wie sie vorstehend für die Treibscheiben- und Trommelmaschine durchgeführt wurde, nicht einfach, da die jeweiligen Wickelhalbmesser der beiden Bobinen nicht gleich sind und sich ständig im entgegengesetzten Sinne ändern. Demnach besitzt auch die gesamte, zu einer Bobine gehörende und auf das Seil bezogene Masse keinen unveränderlichen Wert.

Auf den ersten Blick mag vielleicht eine Lösung nahe liegen, die zunächst die g e s a m t e n bewegten Massen in jeder Korbstellung auf das aufgehende Seil bezieht, und für einzelne Punkte von Anfahrt und Auslauf das zur Verfügung stehende beschleunigende oder verzögernde Moment aus Maschinenfüllung und den statischen Bedingungen feststellt. Dieses Moment würde dann die zugehörige, am aufgehenden Seil wirkende, beschleunigende oder verzögernde Kraft liefern. Der Bruch

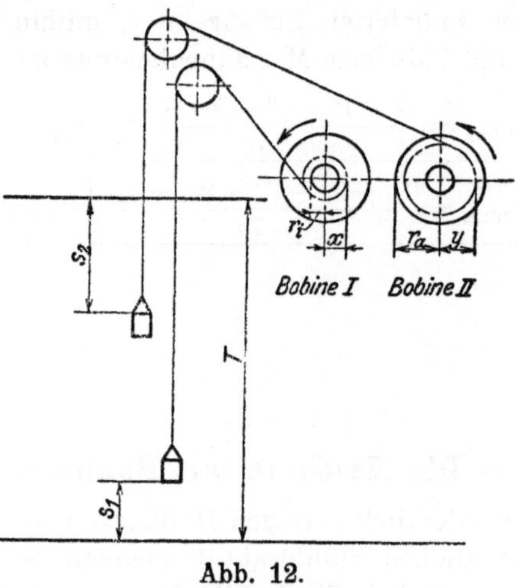

Abb. 12.

aus Kraft und jeweiliger reduzierter Gesamtmasse ergäbe dann die Beschleunigung des aufgehenden Korbes. Aus der so punktweise festzustellenden $\frac{dv}{dt}$, s Kurve ließen sich Geschwindigkeit und Zeiten einfach ermitteln. Diese Lösung ist aber falsch, da die vorgenommene Reduktion der Gesamtmassen auf das aufgehende Seil nur zulässig ist, wenn die beiden Körbe dem gleichen Bewegungsgesetz unterliegen. Diese Bedingung ist für die Bobinenförderung mit ihren sich ständig in verschiedenem Sinne ändernden Wickelhalbmessern nicht erfüllt. Auch die nachstehende einfache Überlegung zeigt bereits, daß hier ein Fehler vorliegt:

Wenn die Maschine unter dem Einflusse des Reglers mit gleichbleibender Winkelgeschwindigkeit läuft, wird der aufgehende Korb infolge des ständig wachsenden Wickelhalbmessers beschleunigt. Entsprechend erfährt der abgehende Korb eine Verzögerung, da er an einem immer kleiner werdenden Halbmesser angreift. Es ist nun ohne weiteres denkbar und möglich, daß der Einfluß der Verzögerung dieses Korbes auf die Maschine größer ist, als der der Beschleunigung des anderen. Ebenso kann auch das Umgekehrte der Fall sein. Der auf die Massenwirkung zurückzuführende Anteil des gesamten Maschinenmomentes kann demnach in der Beharrungsperiode je nach den besonderen Verhältnissen positiv, null oder negativ werden. Ein Zurückführung sämtlicher Massen auf das aufgehende Seil würde aber unter allen Umständen für die Maschine ein positives Beschleunigungsmoment in der Zeit unveränderlicher Winkelgeschwindigkeit bedeuten, entspricht also der Wirklichkeit nicht.

Bezeichnungen (vergl. Abb. 12).

x Wickelhalbmesser für den aufgehenden Korb in der betrachteten Stellung.

y Entsprechender Wickelhalbmesser für den abgehenden Korb.

φ Vom Fahrtbeginn bis zu der betrachteten Stellung durchlaufener Drehwinkel der Bobinenaxe.

ω Zu φ gehörende Winkelgeschwindigkeit.

ε Zu $\varphi . \omega$ gehörende Winkelbeschleunigung.

M_1 Masse aller am aufgehenden Seil hängenden Gewichte, zuzüglich der quadratisch auf dieses Seil bezogenen Masse einer Seilscheibe.

M_2 Der entsprechende Wert für das abgehende Seil.

J_1 Trägheitsmoment aller zu Bobine I gehörenden umlaufenden Massen.

J_2 Der entsprechende Wert für Bobine II.

U Schwungmoment $(G D^2)$ einer Bobine.

G Gewicht eines Förderkorbes.

W Gewicht der leeren Wagen eines Korbes.

N Nutzlast in kg

T Teufe in m

d Seilstärke in m

q Seilgewicht in kg/lfd m

s_1 Vom Fahrtbeginn zurückgelegter Weg des aufgehenden Korbes. ⎫ Für die betrachtete

s_2 Vom Fahrtbeginn zurückgelegter Weg des abgehenden Korbes. ⎭ Stellung.

r_i, r_a Kleinster und größter Wickelhalbmesser der Bobinen.

e einfache Seillänge in m zwischen Hängebank und Bobine.

G_s Quadratisch auf den Umfang bezogenes Gewicht einer Seilscheibe.

v_1, a_1 Lineare Geschwindigkeit und Beschleunigung des aufgehenden Korbes.

v_2, a_2 Die entsprechenden Werte für den abgehenden Korb.

$\mathfrak{M}_m$ Das jeweilig für die Massenbeschleunigung von der Maschine aufzuwendende Moment. Angehängte Indizes 1, 2, 3 bezeichnen die Anfahrt, Beharrung und den Auslauf.

$\mathfrak{M}_s$ Das jeweilige von der Maschine zur Überwindung der statischen Seilzüge aufzuwendende Moment.

$\mathfrak{M}_r$ Das (mit φ unveränderlich angenommene) zur Überwindung von Schacht- und Luftreibung aufzuwendende Moment.

$\mathfrak{M}_{r\,1}$ $\mathfrak{M}r\ +$ dem (ebenfalls mit φ unveränderlich angenommenen) Eigenreibungsmoment der Maschine.

$\mathfrak{M}_e$ Das jeweilige gesamte effektive Maschinenmoment $= \mathfrak{M}_s + \mathfrak{M}_m + \mathfrak{M}_r$.

$\mathfrak{M}_i$ Das jeweilige gesamte indizierte Maschinenmoment $= \mathfrak{M}_s + \mathfrak{M}_m + \mathfrak{M}_{r\,1}$.

t_1, t_2, t_3 Dauer des gesamten Anfahr-, Beharrungs- und Auslaufabschnittes.

φ_1, φ_2, φ_3 Die zu t_1, t_2, t_3 gehörenden Drehwinkel der Bobinenaxe.

L_{e1}, L_{e2}, L_{i1}, L_{i2}, Jeweilige effektive oder indizierte Maschinenleistung während Anfahrt und Beharrung.

L_{me1}, L_{me2}, L_{mi1}, L_{mi2} Die zeitlichen Mittelwerte von L_e und L_i.

A. Stärke und Metergewicht des Seiles unveränderlich.

Ohne weiteres ergeben sich zunächst folgende Gleichungen:

$$J_1 = \frac{U}{4\,g} + \frac{s_1\,q}{g}\left(\frac{x^2 + r_i^{\,2}}{2}\right); \qquad\qquad 48)$$

$$J_2 = \frac{U}{4\,g} + \frac{(T - s_2)\,q}{g}\left(\frac{y^2 + r_i^{\,2}}{2}\right); \qquad\qquad 48a)$$

$$M_1 = \frac{N + G + W + G_s + (T + e - s_1)\,q}{g}; \qquad\qquad 49)$$

$$M_2 = \frac{G + W + G_s + (e + s_2)\,q}{g}. \qquad\qquad 49a)$$

Zwischen dem Drehwinkel φ, den Halbmessern x und y sowie den Korbwegen s_1 und s_2 bestehen folgende Beziehungen, die sich aus den Gesetzen der archimedischen Spirale ableiten lassen:

$$s_1 = \frac{x^2 - r_i{}^2}{d}\,\pi; \qquad s_2 = \frac{r_a^2 - y^2}{d}\,\pi;$$

$$x = r_i + \varphi \frac{d}{2\pi}; \qquad y = r_a - \varphi \frac{d}{2\pi}; \qquad 50)\ 50a)$$

$$s_1 = \varphi r_i + \varphi^2 \frac{d}{4\pi}; \qquad s_2 = \varphi r_a - \varphi^2 \frac{d}{4\pi}. \qquad 51)\ 51a)$$

Für das statische Moment gilt schließlich:

$$\mathfrak{M}_s = [N + G + W + q\,(T - s_1)]\ x - [G + W + s_2\,q]\ y.$$

oder nach Einführung der Werte für s_1, s_2, x und y:

$$\mathfrak{M}_s = (N + G + W + T q)\,r_i - (G + W)\,r_a - \varphi^3 q \frac{d^2}{4\pi^2} + \varphi^2 q \frac{3\,d}{4\pi}\,(r_a - r_i)$$

$$+ \varphi \left[\frac{d}{\pi}\left(\frac{N + Tq}{2} + G + W\right) - q\,(r_i^2 + r_a^2) \right]. \qquad 52)$$

Einfacher geschrieben:

$$\mathfrak{M}_s = \mathfrak{M}_{so} - \varphi^3\,C_1 + \varphi^2\,C_2 + \varphi\,C_3. \qquad 52a)$$

Das statische Moment ist mithin in Bezug auf φ vom dritten Grade. M_{so} ist das statische Moment für den Fahrtbeginn mit $\varphi = 0$. Die Unveränderlichen C_1, C_2, C_3 sind aus den Bedingungen der jeweiligen Förderung gegeben:

$$\mathfrak{M}_{so} = (N + G + W + T q)\,r_i - (G + W)\,r_a;$$

$$C_1 = q \frac{d^2}{4\,\pi^2};$$

$$C_2 = q \frac{3\,d}{4\pi}\,(r_a - r_i);$$

$$C_3 = \frac{d}{\pi}\left(\frac{N + Tq}{2} + G + W\right) - q\,(r_i^2 + r_a^2).$$

Dynamische Beziehungen.

$$v_1 = x\,\omega; \qquad v_2 = y\,\omega.$$

$$a_1 = \frac{d\,(x\,\omega)}{dt}; \quad = x\,\frac{d\omega}{dt} + \omega\,\frac{dx}{dt};$$

$$a_1 = x\,\varepsilon + \omega\frac{dx}{dt}; \quad \text{und entsprechend:}$$

$$a_2 = y\,\varepsilon + \omega\frac{dy}{dt};$$

$$\text{Aus}\ \ \omega = \frac{d\varphi}{dt}\ \ \text{folgt:}\ \ dt = \frac{d\varphi}{\omega}.$$

Hiermit gehen die vorstehenden Gleichungen über in:

$$a_1 = x\,\varepsilon + \omega^2\,\frac{dx}{d\varphi};$$

$$a_2 = y\,\varepsilon + \omega^2\,\frac{dy}{d\varphi};$$

Nun ist $\dfrac{dx}{d\varphi} = -\dfrac{dy}{d\varphi} = \text{konst} = \dfrac{d}{2\pi}$;

Diese Unveränderliche stellt die lediglich von der Seilstärke abhängige Zu- und Abnahme des Wickelhalbmessers mit dem Drehwinkel φ dar. Demnach wird:

$$a_1 = x\,\varepsilon + \frac{d}{2\pi}\,\omega^2; \qquad\qquad\qquad 53)$$

$$a_2 = y\,\varepsilon - \frac{d}{2\pi}\,\omega^2. \qquad\qquad\qquad 53\,\text{a})$$

Das zur Beschleunigung des gesamten Systems von der Maschine an die Bobinenaxe abzugebende Moment wird:

$$\mathfrak{M}_{m1} = a_1\,\frac{J_1 + M_1 x^2}{x} + a_2\,\frac{J_2 + M_2 y^2}{y}; \text{ und unter Benutzung von Gleichung } 53) \text{ und } 53\,\text{a})$$

$$\mathfrak{M}_{m1} = \varepsilon\,(J_1 + J_2 + M_1 x^2 + M_2 y^2) + \frac{d}{2\pi}\,\omega^2\left(\frac{J_1 + M_1 x^2}{x} - \frac{J_2 + M_2 y^2}{y}\right). \quad 54)$$

Die zu Anfang als fehlerhaft bezeichnete Zurückführung sämtlicher Massen auf x würde, wie eine einfache Überlegung zeigt, zu dem Ausdruck führen:

$$\mathfrak{M}_{m1} = \varepsilon\,(J_1 + J_2 + M_1 x^2 + M_2 y^2)$$

vernachlässigt also das zweite Glied von Gleichung 54.

Für den Sonderfall des Beharrungsabschnittes gilt nach den eingangs hierfür getroffenen Voraussetzungen: $\varepsilon = 0$; $\omega = \omega_{max}$.

$$\mathfrak{M}_{m2} = \frac{d}{2\pi}\,\omega^2_{max}\left(\frac{J_1 + M_1 x^2}{x} - \frac{J_2 + M_2 y^2}{y}\right). \qquad 54\,\text{a})$$

Diese Gleichung bestätigt die bereits eingangs durch bloße Überlegung gefundene Tatsache, daß das Moment der Massenkräfte bei unveränderlicher Winkelgeschwindigkeit sowohl positiv, als null, als schließlich negativ sein kann. $\left(\dfrac{J_1 + M_1 x^2}{x} > = < \dfrac{J_2 + M_2 y^2}{y}\right)$.

Die — unveränderliche — Korbbeschleunigung für diesen Abschnitt wird nach Gleichung 53 mit $\varepsilon = 0$

$$a_1{}' = \frac{d}{2\pi}\,\omega^2_{max} = \text{Konst.} \qquad\qquad\qquad 55)$$

$$a_2{}' = -\frac{d}{2\pi}\,\omega^2_{max} = -a_1{}'. \qquad\qquad\qquad 55\,\text{a})$$

Abb. 13 zeigt das Schaubild der widerstehenden und treibenden Momente, auf dem Drehwinkel φ als Grundlinie aufgetragen.

Das statische Moment $\mathfrak{M}_s$ ist durch Gleichung 52 gegeben und verläuft nach einer, einen Wendepunkt besitzenden Kurve der gezeichneten Form. Die gesamte Schacht-, Luft- und Maschinenreibung ist durch $\mathfrak{M}_{r1}$ berücksichtigt. Für die Anfahrt ist weiterhin nach den getroffenen Voraussetzungen das indizierte Maschinenmoment unveränderlich $= \mathfrak{M}_1$. Während der Beharrung ist das indizierte Maschinenmoment $\mathfrak{M}_{i2} = \mathfrak{M}_s + \mathfrak{M}_{r1} + \mathfrak{M}_{m2}$; wobei der letztere Wert je nach der betrachteten

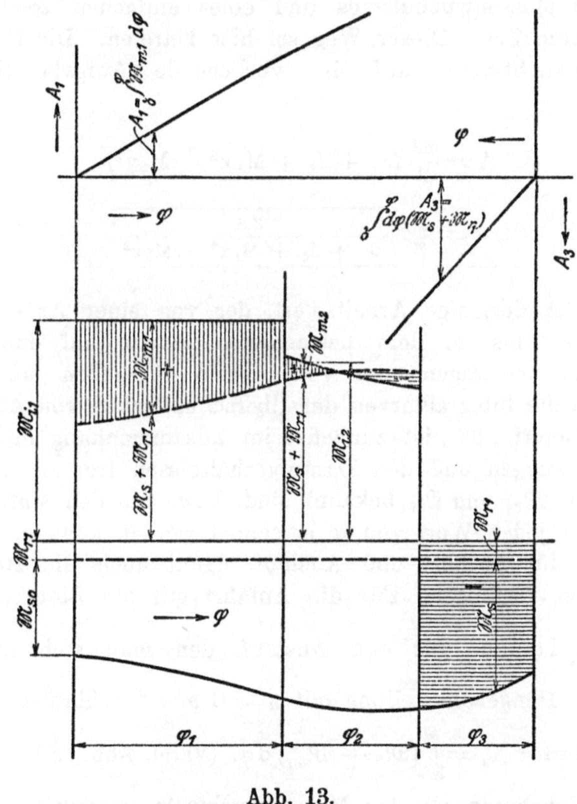

Abb. 13.

Stellung und den besonderen Verhältnissen der Förderung positiv, null, oder negativ sein kann. Die senkrecht und wagerecht schraffierten Überschußflächen stellen die Arbeitswerte der Beschleunigung und Verzögerung dar, die nach der getroffenen Voraussetzung eines freien Auslaufes in ihrer Gesamtsumme den Wert Null ergeben.

Zur Aufstellung der Bewegungsgleichung wäre jetzt unter Zuhilfenahme von Gleichung 54 zu bilden:

$$\frac{d_2\,\varphi}{dt^2} = \frac{\mathfrak{M}i_1 - \mathfrak{M}s - \mathfrak{M}r_1 - \left(\frac{d\varphi}{dt}\right)^2 \frac{d}{2\,\pi}\left(\frac{J_1 + M_1\,x^2}{x} - \frac{J_2 + M_2\,y^2}{y}\right)}{J_1 + J_2 + M_1\,x^2 + M_2\,y^2}.$$

Hierin müßten noch vermittels der bereits abgeleiteten Beziehungen J_1, J_2, M_1, M_2, x, y, $\mathfrak{M}_s$ durch φ ausgedrückt werden. Damit wäre dann eine Differentialgleichung zwischen φ und t geschaffen. Diese wäre in Bezug auf φ vom vierten Grade.

Weit bequemer als diese streng analytische Methode führt eine punktweise Ermittelung der Geschwindigkeiten und Zeiten unter Benützung des Massenwuchtsatzes und eines einfachen zeichnerischen Verfahrens zum Ziel. Dieser Weg sei hier betreten. Die Übertragung des Massenwuchtsatzes auf die vorliegende Aufgabe liefert die Gleichung:

$$A = \frac{\omega^2}{2}\,(J_1 + J_2 + M_1\,x^2 + M_2\,y^2)$$

$$\omega = \sqrt{\frac{2\,A}{J_1 + J_2 + M_1\,x^2 + M_2\,y^2}}.$$

Hierin ist A derjenige Arbeitswert, der von einer Anfangsstellung mit $\varphi = 0$ an bis zu dem betrachteten Punkte auf das gesamte Massensystem übertragen oder von diesem abgegeben ist. A wird mithin durch die Integralkurven der Überschußflächen von Abb. 13 unmittelbar geliefert. $\mathfrak{M}_{i_1}$ ist zunächst im Zusammenhang mit den Maschinenabmessungen und den Dampfverhältnissen frei zu wählen, so daß, nachdem $\mathfrak{M}_{r_1}$ und $\mathfrak{M}_s$ bekannt sind, bzw. aus den statischen Bedingungen für jeden Wert von φ errechnet werden können, die Überschußflächen für Anfahrt und Auslauf, damit auch die zugehörigen Integralkurven, festliegen. Für die Anfahrt gilt die Linie der Werte $A_1 = \int_0^\varphi \mathfrak{M}_{m_1}\,d\varphi$ und für den Auslauf, den man sich umgekehrt, d. h. von der Hängebankstellung mit $\omega = 0$ aus durchlaufen denkt, die Linie der Werte: $A_3 = \int_0^\varphi (\mathfrak{M}_s + \mathfrak{M}_{r_1})\,d\varphi$. (Vergl. Abb. 13.)

Für die Beharrung ist der Massenwuchtsatz zunächst noch nicht anzuwenden, da ω_{max} noch nicht bekannt ist. Demnach sind die zugehörigen Werte A vorläufig auch noch nicht in das Schaubild einzutragen, und die Integralkurven für Anfahrt und Auslauf, die entweder durch Planimetrieren der Überschußflächen oder vermittels des von Wittenbauer angegebenen zeichnerischen Verfahrens (Hütte, 22 Auflage, Band 1, Seite 958) zu finden sind, bleiben unbegrenzt. Es wird jetzt folgende Tabelle aufgestellt:

	φ	A_1	A_3	x	y	s_1	s_2	J_1	J_2	M_1	M_2	ω	v_1	v_2	$\mathfrak{M}m_2$
Anfahrt ↓	0	0		ri	ra	0	0					0	0	0	
Auslauf ↑	φmax		0	ra	ri	T	T					0	0	0	

Für jeden Wert von φ lassen sich aus den abgeleiteten Hilfsgleichungen und den verzeichneten Integralkurven die übrigen Tabellen-

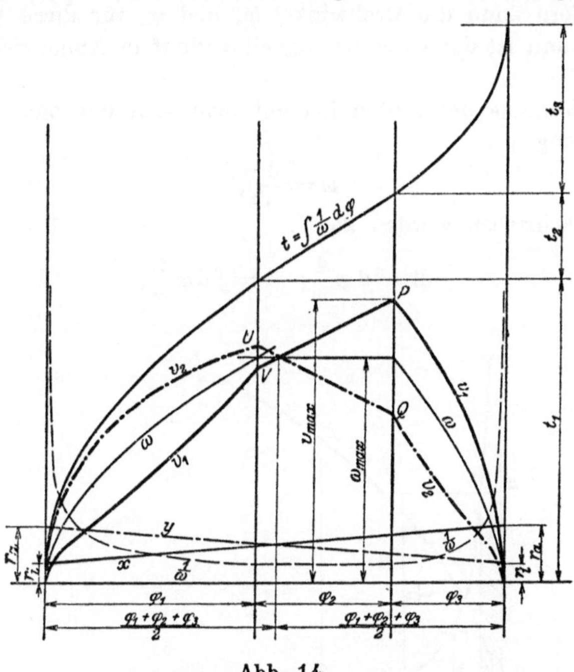

Abb. 14.

größen bis M_2 einschließlich ermitteln. x und y verlaufen gradlinig mit φ (vergl. Abb. 14), sind also bequem aus der Zeichnung abzugreifen. Man beginnt bei der punktweisen Ermittlung rückwärts mit der Festlegung der Auslauflinien. Für jeden Punkt gilt die Gleichung:

$$\omega = \sqrt{\frac{2\,A_3}{J_1 + J_2 + M_1\,x^2 + M_2\,y^2}};\qquad 56)$$

Die Gleichungen $v_1 = x\,\omega$; $v_2 = y\,\omega$ liefern dann sofort die Geschwindigkeiten der beiden Körbe. Sobald der eine dieser Werte — im allgemeinen wird das stets v_1 sein — den zugelassenen Höchstbetrag v_{max} erreicht (Punkte P und Q von Abb. 14), ist damit der Beginn des Auslaufes und dessen gesamter Drehwinkel φ_3 gefunden. Der Beharrung mit $\omega =$ Konst. $= \omega_{max}$ entsprechen für v_1 und v_2 Gerade, die durch die Beziehungen $v_1 = x\,\omega_{max}$; $v_2 = y\,\omega_{max}$ gegeben sind.

Die Anfahrt wird — in der richtigen Fahrtrichtung durchlaufen — in genau der gleichen Weise behandelt, wie der Auslauf. Die Bestimmungsgleichung lautet hier:

$$\omega = \sqrt{\frac{2\,A_1}{J_1 + J_2 + M_1\,x^2 + M_2\,y^2}}. \qquad 56a)$$

Die Schnittpunkte U und V der Anfahrlinien mit denen der Beharrung liefern dann die Drehwinkel φ_1 und φ_2 für diese beiden Abschnitte. Damit ist der Geschwindigkeitsverlauf in Abhängigkeit von φ festgestellt.

Zur Bestimmung der Zeiten bedient man sich der phoronomischen Grundgleichung

$$\omega = \frac{d\,\varphi}{dt},$$

die auch geschrieben werden kann:

$$dt = d\varphi\,\frac{1}{\omega}; \quad t = \int d\varphi\,\frac{1}{\omega};$$

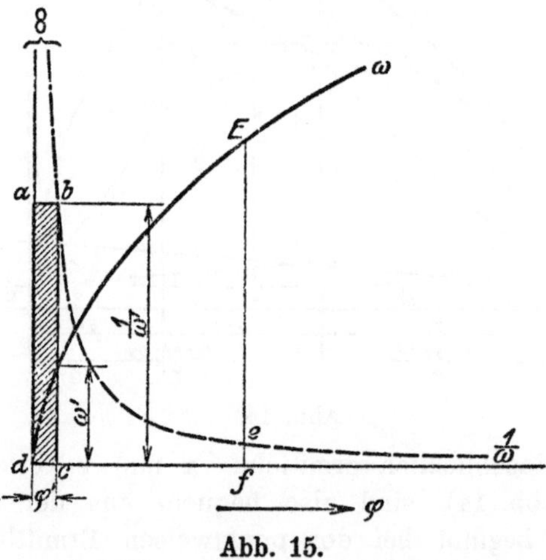

Abb. 15.

Verzeichnet man also die in Abb. 14 punktiert angegebene reziproke Kurve zu den vorher erhaltenen Werten der Winkelgeschwindigkeit, so liefert die darunter liegende Fläche für jeden Punkt die seit Beginn des Zuges verstrichene Zeit. Obwohl die Kurve wegen der Grenzbedingung $\varphi = 0$; $\omega = 0$, $\frac{1}{\omega} = \infty$ ins Unendliche verläuft, ergibt ihre Integration stets einen endlichen Wert. Für eine unveränderliche

Winkelbeschleunigung würde nach Zurücklegung des Drehwinkels φ' ω den Wert ω' erreicht haben, und die zugehörige Zeit t' sich ausdrücken durch:

$$t' = 2\,\frac{\varphi'}{\omega'}$$

d. h. durch den doppelten Inhalt des Rechteckes a b c d (Abb. 15). Auf der anderen Seite bleibt natürlich die allgemeine Gleichung bestehen:

$$t' = \int_{\infty}^{\frac{1}{\omega'}} d\varphi\,\frac{1}{\omega}\,;$$

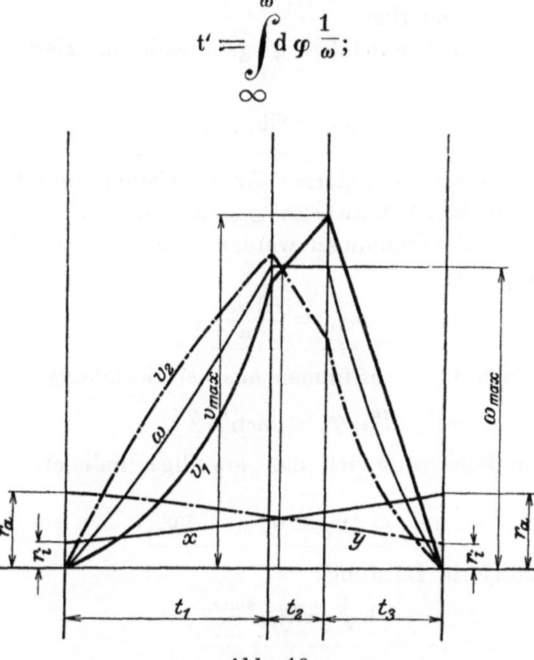

Abb. 16.

Hieraus geht hervor, daß der oberhalb der Wagerechten a b liegende, bis ins Unendliche verlaufende Streifen der Gesamtfläche die Hälfte von dieser darstellt, also endlichen Wert besitzt und gleich dem Rechteck a b c d ist. Allein die geringfügige Veränderung von ε auf das Stückchen φ' bringt in diese Beziehung einen praktisch allerdings ganz bedeutungslosen Fehler.

Mit Rücksicht auf den Zeichnungsmaßstab wird man also die $\frac{1}{\omega}$ Kurve nur etwa bis zum Werte $\frac{1}{\omega} = 2$, entsprechend $\omega = 0{,}5$ verzeichnen und sie dann durch eine Wagerechte an die Ordinatenaxe heranführen. Die zu Punkt E gehörende Zeit (Abb. 15) ist dann gleiche Fläche a b e f d $+$ Rechteck a b c d.

Zum Schlusse wird das erhaltene Schaubild auf Zeitgrundlage umgezeichnet (Abb. 16).

Arbeits- und Leistungsgleichungen.

Die Arbeitsgrundgleichung besitzt hier unter der getroffenen Voraussetzung des freien Auslaufes die Form:

$$\int_0^{\varphi_1} \mathfrak{M}_{i_1}\, d\varphi + \int_{\varphi_1}^{\varphi_1+\varphi_2} \mathfrak{M}_{i_2}\, d\varphi = NT + \mathfrak{M}_1\,(\varphi_1 + \varphi_2 + \varphi_3);$$

Hierin ist $\mathfrak{M}_{i_1}$ unveränderlich.

Die jeweilige, zum Drehwinkel φ gehörende indizierte Maschinenleistung ist:

$$L_{i_1} = \mathfrak{M}_{i_1}\frac{\omega}{75}; \qquad 57)$$

Der Mittelwert dieser indizierten Anfahrleistung ergibt sich durch Einführen des zeitlichen Mittelwertes ω_{m_1} der Anfahrwinkelgeschwindigkeit, der aus Abb. 16 entnommen werden kann. Die zugehörige Drehzahl der Maschine ist:

$$n_{m_1} = \frac{30\,\omega_{m_1}}{\pi};$$

Anders läßt sich L_{mi_1} bestimmen aus der Beziehung:

$$\mathfrak{M}_{i_1}\,\varphi_1 = L_{mi_1}\,t_1\,75;$$

Während der Beharrung ist das jeweilige indizierte Maschinenmoment:

$$\mathfrak{M}_{i_2} = \mathfrak{M}_s + \mathfrak{M}_{m_2} + \mathfrak{M}_{r_1};$$

die jeweilige indizierte Leistung:

$$L_{i_2} = \mathfrak{M}_{i_2}\frac{\omega_{max}}{75}; \qquad 57a)$$

Die einzelnen Werte können punktweise bestimmt, und in ein auf Zeitgrundlage verzeichnetes Schaubild übertragen werden. $\mathfrak{M}_s$ und $\mathfrak{M}_{r_1}$ sind bekannt, und $\mathfrak{M}_{m_2}$ läßt sich, nachdem ω_{max} durch die früheren Ermittlungen gefunden wurde, für jeden Punkt aus Gleichung 54a errechnen. Die mittlere Leistung der Beharrung läßt sich dann ebenfalls durch Planimetrieren finden. Auch hierfür wird einfacher die Arbeitsgrundgleichung benutzt, die auch in der Form geschrieben werden kann:

$$(L_{mi_1}\,t_1 + L_{mi_2}\,t_2)\,75 = N\,T + \mathfrak{M}_{r_1}\,(\varphi_1 + \varphi_2 + \varphi_3);$$

und nach L_{mi_2} aufzulösen ist. Die zugehörige Drehzahl der Maschine ist:

$$n_2 = \frac{30\,\omega_{max}}{\pi};$$

Die Mittelwerte der Leistung von Anfahrt und Beharrung sind demnach einfach zu bestimmen. Man wird im allgemeinen auf die genaue Festlegung der L_{i_1}, L_{i_2} Kurven verzichten, und sich auf die Feststellung der Mittelwerte beschränken können.

Ersetzt man in den vorstehenden Gleichungen $\mathfrak{M}_{r_1}$ durch $\mathfrak{M}_r$, so erhält man statt der indizierten die effektiven Leistungen L_{e_1}, L_{e_2} und deren Mittelwerte L_{me_1}, L_{me_2}. Natürlich müssen dann auch nicht die indizierten Momente $\mathfrak{M}_{i_1}$, $\mathfrak{M}_{i_2}$ der Maschine, sondern die effektiven $\mathfrak{M}_{e_1}$, $\mathfrak{M}_{e_2}$ eingeführt werden. (Vergl. Seite 40.)

Die Lösung der Aufgabe ist damit in allen Teilen gegeben. Allerdings ist sie etwas zeitraubend. Wo es sich jedoch um die Abgabe folgenverbindlicher Gewährleistungszahlen handelt, wird man die Mühe der Ermittlung nicht scheuen dürfen, die sich auch bei geschickter listenmäßiger Zusammenstellung der einzelnen Hilfs- und Zwischenwerte in einigen Stunden erledigen läßt.

B. Stärke und Metergewicht des Seiles veränderlich.

Sofern es sich um große Teufen und die Verwendung von Aloeseilen handelt, werden auch heute noch bei Bobinenförderungen vielfach verjüngte Seile benutzt.

Grundsätzlich bleibt auch für diesen allgemeinen Fall die frühere Behandlungsweise gültig, nur müssen die Hilfsgleichungen entsprechend umgestaltet werden:

Bezeichnungen.

q_0, d_0 Metergewicht und Seildicke am Korbeinband. kg/lfd m, m.

q', d' Die entsprechenden Werte am Anschlag des Seiles an die Bobinennabe.

Setzt man einen linearen Übergang zwischen q_0, d_0 einerseits, q', d' andererseits voraus, so gelten für einen beliebigen, um s vom Korbeinband entfernten Punkt des Seiles folgende Gleichungen:

$$q = q_0 + bs = q' - (T + e - s)\,b$$

$$d = d_0 + cs = d' - (T + e - s)\,c$$

$$b = \frac{q' - q_0}{T + e}; \quad c = \frac{d' - d_0}{T + e};$$

damit ergeben sich ohne weiteres:

$$J_1 = \frac{U}{4g} + \frac{s_1\,(2\,q' - bs_1)}{4g}\,(x^2 + r_i{}^2); \tag{58}$$

$$J_2 = \frac{U}{4g} + \frac{(T - s_2)\,[2\,q' - b\,(T - s_2)]}{4g}\,(y^2 + r_i{}^2); \tag{58a}$$

$$M_1 = \frac{N + G + W + G_s}{g} + (T + e - s_1)\,\frac{2\,q_0 + b\,(T + e - s_1)}{2g}; \tag{59}$$

$$M_2 = \frac{G + W + G_s}{g} + (e + s_2)\,\frac{2\,q_0 + b\,(e + s_2)}{2g}. \tag{59a}$$

Die Beziehungen zwischen φ einerseits, s_1, s_2, x und y andererseits ergeben sich wie folgt, sofern man die Veränderung der Seilstärke auf das kurze Stück e vernachlässigt:

$$\text{Es ist: } dx^- = \frac{d}{2\pi} d\varphi = \left(\frac{d'}{2\pi} - \frac{cs_1}{2\pi}\right) d\varphi.$$

$$dy = -\frac{d}{2\pi} d\varphi = -\left(\frac{do}{2\pi} + \frac{cs_2}{2\pi}\right) d\varphi.$$

Die Gleichungen werden vereinigt mit:

$$ds_1 = x\, d\varphi; \quad ds_2 = y\, d\varphi.$$

Durch Elimination von $d\varphi$ folgt daraus:

$$x\, dx = ds_1\left(\frac{d'}{2\pi} - \frac{cs_1}{2\pi}\right)$$

$$y\, dy = -ds_2\left(\frac{do}{2\pi} + \frac{cs_2}{2\pi}\right)$$

Unter Berücksichtigung der Grenzbedingungen $s_1 = 0 : x = r_i$; $s_2 = 0 : y = r_a$ lauten die Integrale dieser Gleichungen:

$$x^2 = r_i^2 + \frac{s_1}{\pi}\left(d' - \frac{cs_1}{2}\right);$$

$$y^2 = r_a^2 - \frac{s_2}{\pi}\left(do + \frac{cs_2}{2}\right);$$

Eliminiert man aus den Ausgangsgleichungen dx bzw. dy vermittels der Beziehungen $\frac{d_2 s_1}{d\varphi^2} = \frac{dx}{d\varphi}$; $\frac{d_2 s_2}{d\varphi^2} = \frac{dy}{d\varphi}$, so erhält man die Differentialgleichungen:

$$\frac{d_2 s_1}{d\varphi^2} = \frac{d'}{2\pi} - \frac{c}{2\pi} s_1;$$

$$\frac{d_2 s_2}{d\varphi^2} = -\frac{do}{2\pi} - \frac{c}{2\pi} s_2;$$

Diese Gleichungen stimmen dem Aufbau nach mit den Bewegungsgleichungen für die Maschine mit Treibscheibe oder zylindrischen Trommeln und Unterseil schwerer als Oberseil genau überein. Ihre Integration erfolgt mithin in der auf Seite 30 bereits angegebenen Weise.

Die Grenzbedingungen lauten hier:

$$\varphi = 0 : s_1 = 0; \quad s_2 = 0; \quad \frac{ds_1}{d\varphi} = r_i; \quad \frac{ds_2}{d\varphi} = r_a;$$

Die Integrale werden mithin:

$$s_1 = r_i \sqrt{\frac{2\pi}{c}} \sin\left(\varphi \sqrt{\frac{c}{2\pi}}\right) - \frac{d'}{c} \cos\left(\varphi \sqrt{\frac{c}{2\pi}}\right) + \frac{d'}{c}; \qquad 60)$$

$$s_2 = r_a \sqrt{\frac{2\pi}{c}} \sin\left(\varphi \sqrt{\frac{c}{2\pi}}\right) + \frac{do}{c} \cos\left(\varphi \sqrt{\frac{c}{2\pi}}\right) - \frac{do}{c}; \qquad 60a)$$

$$x = r_i \cos\left(\varphi \sqrt{\frac{c}{2\pi}}\right) + \sqrt{\frac{d'^2}{2\pi c}} \sin\left(\varphi \sqrt{\frac{c}{2\pi}}\right); \qquad 61)$$

$$y = r_a \cos\left(\varphi \sqrt{\frac{c}{2\pi}}\right) - \sqrt{\frac{d_o^2}{2\pi c}} \sin\left(\varphi \sqrt{\frac{c}{2\pi}}\right); \qquad 61a)$$

Die allgemeine Gleichung für das statische Moment lautet, wiederum unter Vernachlässigung der Veränderlichkeit von q auf das kurze Stück e:

$$\mathfrak{M}s = x \left[N + G + W + (T - s_1)\frac{2\,q_0 + b\,(T - s_1)}{2}\right] - y \left(G + W + s_2\frac{2\,q_0 + b\,s_2}{2}\right). \qquad 62)$$

Wegen der baulich verwickelten Formeln 60—61 empfiehlt es sich in diesem Falle nicht, $\mathfrak{M}_s$ in Abhängigkeit von φ auszudrücken, also eine entsprechende Gleichung zu der früheren 52a) aufzustellen. Vielmehr ist es bequemer, für jeden Wert von φ zunächst s_1, s_2, x und y zu errechnen, und dann $\mathfrak{M}_s$ nach Gleichung 62 festzustellen.

Die bereits früher abgeleiteten Ausdrücke für die Korbbeschleunigungen

$$a_1 = x\,\varepsilon + \omega^2 \frac{dx}{d\varphi}$$

$$a_2 = y\,\varepsilon + \omega^2 \frac{dy}{d\varphi}$$

bleiben bestehen. Es ist aber hier zu setzen:

$$\frac{dx}{d\varphi} = \frac{d' - c\,s_1}{2\pi};$$

$$\frac{dy}{d\varphi} = -\frac{d_o + c\,s_2}{2\pi}.$$

Damit gehen die Ausdrücke über in:

$$a_1 = x\,\varepsilon + \frac{\omega^2}{2\pi}(d' - c\,s_1); \qquad 63)$$

$$a_2 = y\,\varepsilon - \frac{\omega^2}{2\pi}(d_0 + c\,s_2); \qquad 63a)$$

Für die Beharrung mit $\varepsilon = 0$ gelten dann die Beziehungen:

$$a_1' = \frac{\omega^2_{max}}{2\pi}(d' - c\,s_1); \qquad 64)$$

$$a_2' = -\frac{\omega^2_{max}}{2\pi}(d_0 + c\,s_2). \qquad 64a)$$

Diese Werte sind jetzt nicht mehr, wie bei dem zuerst behandelten Sonderfall, unveränderlich. Die Geschwindigkeiten verlaufen also ebenso wie x und y hier während der Beharrung nicht mehr geradlinig mit der Zeit.

Die allgemeine Gleichung Seite 42 für das Beschleunigungsmoment bleibt bestehen; ausgewertet nimmt sie hier die Form an:

$$\mathfrak{M}_{m_1} = \varepsilon (J_1 + J_2 + M_1 x^2 + M_2 y^2) + \frac{\omega^2}{2\pi} \left[\frac{J_1 + M_1 x^2}{x} (d' - c s_1) \right.$$
$$\left. - \frac{J_2 + M_2 y^2}{y} (d_0 + c s_2) \right]. \qquad 65)$$

Für die Beharrung mit $\varepsilon = 0$ gilt dann:

$$\mathfrak{M}_{m_2} = \frac{\omega^2 max}{2\pi} \left[\frac{J_1 + M_1 x^2}{x} (d' - c s_1) - \frac{J_2 + M_2 y^2}{y} (d_0 + c s_2) \right]. \qquad 65a)$$

Damit sind sämtliche Hilfsgrößen bestimmt, und die weitere Lösung der Aufgabe erfolgt wieder in der bereits angegebenen Weise vermittels Aufstellung der nach dem Drehwinkel φ geordneten Tafel, der Anwendung des Massenwuchtsatzes, d. h. der allgemein gültigen Gleichungen 56 und 56a und schließlich des zeichnerischen Verfahrens zur Bestimmung der Zeiten.

Die für den Sonderfall aufgestellten Arbeits- und Leistungsgleichungen gelten auch hier unverändert, nur müssen natürlich bei der Bestimmung von $\mathfrak{M}_{i_2} = \mathfrak{M}_{r_1} + \mathfrak{M}_s + \mathfrak{M}_{m_2}$ jetzt die Gleichungen 62 und 65a herangezogen werden.

Zum Schlusse des vorliegenden Abschnittes über die Flachseilförderung seien noch zwei Punkte erwähnt:

Daß zunächst die Höchstgeschwindigkeit, unveränderliche Winkelgeschwindigkeit während der Beharrung vorausgesetzt, nur in einem einzigen Punkte verwirklicht wird, bedeutet natürlich einen Zeitverlust. Dieser kann bei großen Teufen, d. h. langen Beharrungswegen, recht erheblich werden. Ganz abgesehen von dem praktischen Vorteil der Verwendung normaler Lagermodelle von Reglern, die bereits die unveränderliche Winkelgeschwindigkeit während der Beharrung bedingen, ist hieran auch für die elektrische Fördermaschine nichts zu ändern, obwohl diese durch an und für sich beliebig zu gestaltende Kurvenscheiben gesteuert werden kann. Da im allgemeinen zum Schluß der Anfahrt $x < y$ sein wird, ist in diesem Punkt die Geschwindigkeit des abgehenden Korbes größer als die des aufgehenden. Damit also die erstere keine unzulässig hohen Werte annimmt, darf der aufgehende Korb keinesfalls bis auf die Höchstgeschwindigkeit beschleunigt werden (Abb. 14, 16.)

Weiterhin ist noch darauf aufmerksam zu machen, daß die Vorteile, die ein schwereres Unterseil bei der Treibscheibenmaschine bietet, sinngemäß auch bei der Bobine verwirklicht werden können. Es ist hierfür nur erforderlich, r_i kleiner auszuführen als die bekannte Bedingung gleichen statischen Momentes für Beginn und Ende des Zuges ergibt. Damit wird dieses Moment während der Anfahrt kleiner als beim Auslauf. (Abb. 13.) Es ist dann natürlich hinsichtlich des Geschwindigkeitsverlaufes das Gleiche erreicht, wie bei der Treibscheibe durch die Verwendung eines schwereren Unterseiles.

Praktisch ist allerdings der Verkleinerung des Wickelhalbmessers durch die Rücksicht auf das Seil ($r_i \geq 50d$) sehr bald eine Grenze gezogen. Vielfach wird sogar nicht einmal der Wert für r_i zu verwirklichen sein, der einem gleichen statischen Moment für Beginn und Ende des Zuges entspricht. Die Geschwindigkeitsverhältnisse werden dann im gleichen Sinne ungünstig, wie bei der Verwendung eines leichteren Unterseiles für Treibscheiben- oder Trommelmaschinen. Auf alle Fälle lohnt es sich, diesen Punkt stets zu untersuchen und r_i so klein als möglich auszuführen, um die Zugdauer möglichst zu beschränken und, im Hinblick auf den Dampfverbrauch, die Maschine schnell auf ihre höchste Drehzahl zu bringen.

6. Die Maschine mit Kegel- und Spiraltrommeln.

Diese Maschinen stimmen hinsichtlich der Seilgewichtsausgleichung und damit auch ihres dynamischen Verhaltens grundsätzlich mit den Bobinenförderungen überein. Sie lassen sich mithin durch die für diese angegebenen Gleichungen und Verfahren ebenfalls erfassen.

Unter „d“ ist dann allerdings nicht mehr die Seilstärke, sondern der radiale Abstand zweier aufeinanderfolgender Seilwindungen zu verstehen.

Ist dieser Wert und ebenso auch das Metergewicht des Seiles unveränderlich, so ist die Aufgabe auf den zuerst behandelten Fall der Flachseilförderungen (Gleichungen 48—57) zurückgeführt.

Bei Spiraltrommeln werden die Rilleneisen im Hinblick auf eine bessere Seilführung vielfach so aufgenietet, daß der radiale Abstand zweier aufeinanderfolgender Windungen vom kleinsten bis zum größten Wickelhalbmesser der Trommel hin allmählich abnimmt. (Z. d. V. d. J. 1902, S. 1060.)

Der Wert „d“ ist dann nicht mehr unveränderlich und zur Behandlung einer derartigen Förderung sind die Gleichungen 58 bis 65 heranzuziehen, die für ein in Stärke und Metergewicht veränderliches Flachseil abgeleitet wurden.

Meist wird sich dabei allerdings die Veränderlichkeit nur auf „d“, nicht aber auf das Metergewicht des Rundseiles erstrecken. Es ist in den Gleichungen dann $q_0 = q' = q$, $b = 0$ zu setzen.

Damit sind die dynamischen Verhältnisse für alle Maschinengattungen untersucht und die Gleichungen zu ihrer zahlenmäßigen Festlegung gegeben. Daß im wirklichen Betriebe sich der Geschwindigkeitsverlauf nicht genau mit dem theoretisch errechneten deckt, ist selbstverständlich. Im Besonderen werden für die Auslaufzeit mit Rücksicht auf das vorsichtige Einfahren in die Hängebank kleine Zuschläge zu machen sein. Diese geringfügigen Abweichungen beeinträchtigen jedoch nicht den Wert der vorstehenden Entwicklungen. Vor allem sind die Gleichungen wertvoll für den Vergleich verschiedener, hinsichtlich Massen, Seilausgleich und Aufwickelvorrichtung sich unterscheidender Förderungsarten für dieselbe Schachtleistung. Da die praktischen Abweichungen von den rechnerischen Werten für Zeiten und Wege in allen Fällen nahezu gleich sein werden, stimmen die sich ergebenden Unterschiede für die verschiedenen Förderungsarten ebenfalls fast genau mit der Wirklichkeit überein.

Die Grundlagen, auf denen die vorstehenden Entwicklungen aufgebaut sind, entsprechen den besonderen Bedingungen des Dampfbetriebes und einer, den Maschinisten am wenigsten anstrengenden Fahrweise. Es bleibt jetzt die Aufgabe des Konstrukteurs, durch die bauliche Gestaltung der Maschine und ihrer Regelvorrichtungen den errechneten Geschwindigkeits- und Leistungsverlauf praktisch zu verwirklichen. —

II. Die Sicherheits- und Regelvorrichtungen.

Die Erzwingung des theoretisch vorher bestimmten Geschwindigkeitsdiagrammes verlangt entsprechend durchgebildete Regelvorrichtungen der Maschine, die naturgemäß erst ausgebildet werden konnten, nachdem man den Wert einer vorherigen Festlegung des Fahrtverlaufes für die Steigerung der Leistung und die Wirtschaftlichkeit des Betriebes erkannt hatte.

Derartige Einrichtungen sind, wie bereits in der Einleitung erwähnt wurde, hauptsächlich unter dem Zwange des Wettbewerbes der elektrischen Fördermaschine entstanden und bilden die zweite Stufe einer Entwicklung, die zunächst nur eine möglichst vollkommene Sicherung der Maschine gegen unzulässige Geschwindigkeitsüberschreitung und das Übertreiben des Korbes bezweckte. Es seien daher zunächst diese „Sicherheitsapparate“ im strengeren Sinne des Wortes behandelt.

Es wurde bereits eingangs darauf hingewiesen, daß auf diesem Gebiete die erste elektrische Fördermaschine der Dampffördermaschine jener Zeit ganz entschieden überlegen war. Während jene sofort mit einer Steuerung ausgerüstet auf den Markt trat, die den gesamten Geschwindigkeitsverlauf unter die zwangläufige Herrschaft eines einzigen Hebels stellte, besaß diese in der überwiegenden Zahl der Fälle für die Sicherung der Fahrt nichts weiter als die altbekannte Auslösung der Bremse durch den über die Hängebank hinausgetriebenen Korb. Soweit bereits eine Überwachung des Auslaufweges stattfand, erstreckte sich diese nur auf den allerletzten, kurzen Teil des Auslaufes, war mithin sehr unvollkommen. Im übrigen war die Zuverlässigkeit des Maschinisten die einzige Sicherheit gegen unzulässige Fahrweise und Unglücksfälle.

Es liegt auf der Hand, daß dieses krasse Mißverhältnis den bis dahin Zurückgebliebenen der beiden Wettbewerber zu weitgehendsten Vervollkommnungen zwang. Von vornherein war allerdings eins klar, nämlich daß die Grundlagen des Dampfbetriebes eine g r u n d s ä t z l i c h gleich vollkommene bzw. elegante Lösung der schwierigen Aufgabe nicht gestattete, wie sie bei der elektrischen Fördermaschine möglich war.

Die Drehzahl des unveränderlich erregten Gleichstrom-Fördermotors, wie er in Leonard-Genauigkeitsschaltung in Verbindung mit dem Ilgnerumformer zuerst bekannt wurde und auch heute noch für Hauptschachtförderungen in der ganz überwiegenden Zahl der Fälle ausgeführt wird, hängt nur in verschwindendem Maße von Größe und Richtung der Belastung, vielmehr praktisch allein von der Ankerspannung ab, die wiederum eine eindeutige Funktion der Erregung der Umformerdynamo ist. Der Maschinist regelt nun mit seinem Steuerhebel diese Feldstärke nach Größe und Richtung, damit auch Bewegungssinn und Geschwindigkeitsverlauf des Förderkorbes. Dadurch ist natürlich eine vorzügliche und sichere Beherrschung der Maschine erreicht. Steuert oder begrenzt man die Ausschläge des Steuerhebels in Abhängigkeit vom Wege des Korbes, wie es durch die bekannten, mit dem Teufenzeiger verbundenen Retardiervorrichtungen geschieht, so ist damit die Innehaltung des gewollten, in den Retardierkurven dargestellten Geschwindigkeitsschaubildes erzwungen bzw. ermöglicht. Die Höchstgeschwindigkeit des Seiles ist ohne weiteres durch die Form des Steuerbockes, d. h. den größtmöglichen Hebelanschlag — für die Lastenförderung praktisch durch die Netzspannung — begrenzt. Ob allerdings dieser Vorzug eines zwangläufig steuerbaren Geschwindigkeitsverlaufes im vollen Umfange auch in der Wirklichkeit und nicht zum Teil lediglich auf dem Papier besteht, erscheint zweifelhaft. Jedenfalls zeigen die Geschwindigkeits- und Leistungsdiagramme, die seinerzeit von dem Versuchsausschuß an einer Reihe von elektrischen Fördermaschinen festgestellt wurden (vergl. den Versuchsbericht, Forschungsarbeiten Heft 110/111), eine auffällige Unstetigkeit. Von einem einwandfreien Arbeiten der Retardiereinrichtungen kann in diesen Fällen schwerlich die Rede sein. Ein solches hätte zu scharfen geradlinigen, oder wenigstens doch stetigen Geschwindigkeitsdiagrammen und im Auslaufabschnitt zu einer unveränderlichen Leistung des Fördermotors führen müssen, die entweder negativ (Bremsstrom) oder null (freier Auslauf) sein mußte. Daß davon verhältnismäßig so wenig erreicht wurde, ist schließlich nicht zu verwundern. Einmal müssen die Retardierkurven sehr genau für den jeweiligen Fall eingestellt sein, wenn sie ihren Zweck erfüllen sollen; zum andern hindern sie den Maschinisten, unbeschadet der Sicherung gegen unzulässige Geschwindigkeitsüberschreitung, keineswegs, ungünstiger und unstetiger zu fahren, als beabsichtigt war.

Gleich günstige theoretische Verhältnisse wie beim Leonard-Gleichstrommotor liegen bei der Dampfmaschine nicht vor, ebenso wenig allerdings auch bei dem Drehstrom-Fördermotor, was vielleicht nicht immer genügend beachtet wird, wenn von der Überlegenheit der elektrischen Fördermaschine schlechthin die Rede ist.

Bei der durch Dampf oder Drehstrom angetriebenen Fördermaschine besteht keine unbedingte Abhängigkeit der Drehzahl von der Stellung des Steuerhebels, d. h. von der jeweiligen elektrischen Leistung oder der Dampfverteilung. Vielmehr besitzen hier, abgesehen von der Höhe des niemals ganz unveränderlichen Dampfdruckes, Größe und Richtung der Belastung ausschlaggebende Bedeutung. Demnach ist die Möglichkeit einer für alle Belastungsfälle passenden einfachen „Einhebelsteuerung“ für die im folgenden allein zu behandelnde Dampffördermaschine theoretisch nicht gegeben.

Es ist aber sehr wohl zu unterscheiden, inwiefern infolge dieser grundlegenden Eigenschaften die Steuerung der Dampfmaschine äußerlich weniger einfach, besser gesagt, weniger elegant, und die Möglichkeit einer unwirtschaftlichen Fahrweise nicht ausgeschlossen erscheint, inwiefern auf der anderen Seite diese Verhältnisse die Ausbildung brauchbarer Sicherheitsvorrichtungen überhaupt unmöglich machen. Diese beiden ganz verschiedenen Gesichtspunkte werden im Eifer des Wettbewerbkampfes nicht immer klar genug getrennt. Die Fahrtsicherung, die zunächst allein ins Auge gefaßt werden soll, verlangt lediglich die Erfüllung folgender vier Aufgaben: Erstens darf die Seilgeschwindigkeit niemals den festgelegten, von der Bergbehörde genehmigten Höchstwert überschreiten. Zweitens muß, falls der Maschinist versagt, die unbedingt erforderliche allmähliche Abnahme der Geschwindigkeit im letzten Teile des Zuges erzwungen, und drittens der Korb sofort stillgesetzt werden, wenn er um einen geringen, einstellbaren Betrag über die Hängebank hinausgezogen ist. Die vierte Forderung geht dahin, daß der Maschinist beim Fahrtbeginn verhindert sein muß, mit voller Maschinenleistung in der falschen Fahrtrichtung anzufahren. Die Wichtigkeit dieser letzten Aufgabe tritt gegenüber der der drei anderen zurück, da auch eine mit größter Füllung falsch anfahrende Maschine durch die zu dritt erwähnte Übertreibvorrichtung stillgesetzt wird, ehe sie nennenswerte Geschwindigkeiten erreicht hat. Die sogenannte Anfahrregelung hat daher mehr die Bedeutung, daß sie den Maschinisten bei falscher Hebelauslage durch den Widerstand im Gestänge sofort auf seinen Fehler aufmerksam macht, als daß sie für die Sicherheit des Betriebes unbedingt erforderlich wäre. Ob die Anfahrt mit größerer oder kleinerer Beschleunigung erfolgt, ist für die Fahrtsicherung ganz belanglos. Die Frage der zwangläufigen Regelung des Anfahrweges scheidet daher unter diesem Gesichtspunkt vollkommen aus und ist lediglich hinsichtlich einer wirtschaftlichen und bequemen Fahrweise zu beantworten, dann aber, wie später noch gezeigt wird, für Dampf- oder elektrischen Antrieb in verschiedenem Sinne.

Man könnte hier noch einwenden, daß bei einer Treibscheibenmaschine ein zu scharfes Anfahren zu Seilrutsch und damit zu einer Gefährdung der Maschine führen würde. Diese Schlußfolgerung trifft aber nicht zu. Rutscht wirklich das Seil während der Anfahrt, so geschieht dies bei Lastenförderung und ausgeglichener Seilfahrt stets entgegen der Fahrtrichtung. Die Körbe stehen also nach erfolgtem Rutschen gegenüber der Stellung von Teufenzeiger und Sicherheitsapparat zurück. Dieser setzt mithin zum Schluß des betreffenden Zuges die Maschine still, bevor der Korb die Hängebank erreicht hat. Das Rutschen beim Anfahren gefährdet demnach die Sicherheit nicht im geringsten, sondern zwingt nur die Maschinisten dazu, hinterher den Apparat wieder richtig einzustellen und die Seilzeichen zu verändern. Diese Unbequemlichkeit, — um irgend etwas anderes handelt es sich also keineswegs — wird der Mann sehr bald zu vermeiden wissen und ganz von selbst dazu kommen, niemals schärfer anzufahren, als sich mit der Sicherheit gegen Seilrutsch verträgt. Beim Einhängen von Lasten wird durch den Einfluß der Beschleunigung das in diesem Falle abwärts gehende Nutzlasttrum gegenüber dem Beharrungszustande entlastet, das aufgehende Leertrum stärker gespannt. Der statische Unterschied der beiden Seilbelastungen wird also mehr oder weniger ausgeglichen, Beschleunigungen von mehreren Metern verlegen sogar trotz der Nutzlast die größere Spannung an das aufgehende Seil. In allen praktischen Fällen mit Beschleunigungen von 0,6—1,5 m/sk^2 wird jedoch das Übergewicht am abgehenden Trum verbleiben. Infolge des teilweisen Ausgleiches wird aber die Sicherheit gegen Seilrutsch, der in diesem Falle allerdings den Korb gegenüber dem Teufenzeiger voreilen lassen, die Anlage also gefährden würde, um so größer gegenüber der in allen Fällen bereits reichlichen statischen, je schärfer angefahren wird. Große Beschleunigungen bilden also auch beim Einhängen praktisch nicht die geringste Gefahr.

Der Auslaufweg soll nun bei der Dampffördermaschine frei, d. h. ohne positive oder negative Dampfwirkung erfolgen, damit die bestmögliche Energieausnützung erreicht wird. Auch bei der elektrischen Fördermaschine, bei der mit Rücksicht auf den Motor ohnedies besonderer Wert auf Kleinhaltung der Massen gelegt wird, erstrebt man ebenfalls den freien Auslauf. Allerdings liegt hier ja die Möglichkeit einer elektrischen Bremsung vor, wobei Strom ins Netz zurückgeschickt wird. Hierbei ist zu bedenken, daß diese Bremsung die vorher zuviel aufgewandte Energie deswegen nur zu einem geringen Bruchteil wiedergewinnen läßt, weil der mit kleiner Belastung als Generator laufende Fördermotor dann nur mit schlechtem Wirkungsgrade arbeitet. Der freie Auslauf ist hiernach auch für die elektrische Fördermaschine der günstigste. Die Verhältnisse liegen hier für die notfalls durch die Steuerung bzw. Sicherheitsvorrichtung zu erzwingende Geschwindigkeitsabnahme keinesfalls anders als bei der Dampfmaschine. Natürlich sind nur die zur Erreichung dieses Zwecks aufzuwendenden Mittel in beiden Fällen verschieden. Während auf der einen Seite eine rein elektrische Bremsung herbeigeführt wird, steht in dem anderen Falle zunächst das Mittel der Absperrung der Dampfzufuhr zur Verfügung, falls der Maschinist den freien Auslauf nicht früh genug eingeleitet hat. Diese Maßnahme wird, vor allem bei kleinen oder negativen Lasten nicht genügen, um die rechtzeitige Geschwindigkeitsabnahme zu erreichen. Infolgedessen muß weiterhin entweder die Steuerung auf Gegendampf ausgelegt, oder die Bremse angezogen werden. Den ersteren Weg wählt man deswegen nicht, weil die Wirkung des Gegendampfes schwer abzustufen und zu regeln ist und er zum anderen leicht zu einer unerwünschten Umkehrung der Bewegung führen kann. Genau die gleichen Mittel kommen zur Anwendung, wenn es sich um die Verhinderung der Überschreitung der Höchstgeschwindigkeit im Beharrungsabschnitt handelt. Im Falle eines Übertreibens, das infolge der bereits erzwungenen allmählichen Geschwindigkeitsabnahme nur mit kleinen Korbgeschwindigkeiten überhaupt möglich ist, wird sofort die Bremse aufgelegt. Die Anfahrregelung läßt sich schließlich zwanglos durch Verriegelung des Steuerhebels für die Auslage in der falschen Richtung erreichen.

Grundsätzlich ist also die Aufgabe der vollständigen Fahrtsicherung genau so zuverlässig und einwandfrei lösbar, wie bei der elektrischen Fördermaschine. Was nun die Wirtschaftlichkeit dieser Sicherung angeht, so ist zu bedenken, daß der eigentliche S i c h e r - h e i t s apparat nur in Wirksamkeit treten soll, wenn der Maschinist versagt, d. h. in seltenen Ausnahmefällen. Demnach spielt es praktisch auch gar keine Rolle, ob die Energie zum Teil zurückgewonnen, oder restlos, bzw. sogar noch unter geringem Dampfaufwand — Dampfbremse — vernichtet wird. Wenn also durchaus die Möglichkeit besteht, auch beim Dampfantrieb etwas den Retardiervorrichtungen der Elektrizitätsfirmen in jeder Beziehung Ebenbürtiges zu schaffen, so ist allerdings nicht zu leugnen, daß es eines langen, nicht immer von Mißerfolgen freien Entwicklungsganges bedurft hat, bis diese theoretische Möglichkeit unter Berücksichtigung aller praktischen Forderungen und Besonderheiten des Dampfbetriebes voll und ganz in die Praxis umgesetzt wurde.

Es ist nicht der Zweck dieser Abhandlung, die verschiedenen, im Laufe der Zeit entstandenen Sicherheitsvorrichtungen im einzelnen in ihrer baulichen Durchbildung zu beschreiben. Dies ist bereits in verschiedenen Veröffentlichungen der letzten Jahre geschehen. (Teiwes und Förster „Die Schachtfördermaschinen", Springer 1913; Wallichs, Z. d. V. d. I. 1911, S. 2002 ff.; Förster „Sicherheitsapparate für Fördermaschinen", Gebrüder Böhm, Kattowitz.)

Die neuesten Bauarten sind allerdings auch durch diese Abhandlungen nicht genauer bekannt geworden, da sich die betreffenden Firmen aus verständlichen Gründen weigern, wichtige Einzelheiten und bauliche Besonderheiten der Öffentlichkeit preiszugeben. Dieser Umstand hindert auch den Verfasser, die älteren Veröffentlichungen nach dieser Seite hin zu erweitern. Es können hier deswegen nur die grundlegenden Gesichtspunkte dargelegt werden, die den Gang der Entwicklung bestimmt haben.

Wie bereits erwähnt wurde, besaßen bis in die Mitte der neunziger Jahre auch große Hauptschachtfördermaschinen von den vier für eine vollkommene Sicherung der Fahrt erforderlichen Einrichtungen fast durchweg nur die an dritter Stelle genannte, die Übertreibvorrichtung. Diese war von alters her überkommen und hatte auch vollständig genügt für Verhältnisse, die bei Kleinheit der bewegten Massen und Nutzlasten nur geringe Fördergeschwindigkeiten aufwiesen. Nachdem aber durch Verbesserung der Schachtausbauten die Seilgeschwindigkeiten von 4—6 auf 15—20 m gesteigert, Nutzlasten von 4—5 t bei Achtwagenförderung erreicht, und infolge Vergrößerung von Teufen und Lasten Seilstärke und die Abmessungen der damals noch vorzugsweise benutzten zylindrischen und Spiraltrommeln gewaltig gewachsen waren, bot diese einfache Einrichtung keinesfalls genügende Sicherheit gegen Unglücksfälle. Mehr als etwa 13 m stehen dem durchgehenden Korb oberhalb der Hängebank bis zu den Seilscheiben auch bei den neuesten Schachtgerüsten nicht zu Verfügung. Bei den älteren Anlagen der 90er Jahre war dieser Abstand meist noch erheblich kleiner. Die volle Wirkung der Dampfbremse ergibt unter den Verhältnissen der normalen Lastenförderung bei schweren Trommelmaschinen Verzögerungen von höchstens rd. 4 m/sk². Es zeigt dann eine einfache Rechnung, daß bei 13 m Spielraum der Korb noch unter die Seilscheibe stößt, sofern nur die Seilgeschwindigkeit beim Einfallen der Bremse den Wert von 8—9 m besitzt, und die Zeit vom Augenblick des Auslösens bis zum Eintreten der vollen Bremswirkung zu einer halben Sekunde angenommen wird. Diese Zahlen kennzeichnen einen besonders günstigen Fall. Bei den meist kleineren Spielräumen bis zu den Seilscheiben, ferner bei Seilfahrt oder negativen Lasten, die eine erhebliche Verringerung der Verzögerung bedingen, werden natürlich auch weit kleinere Übertreibgeschwindigkeiten schon verhängnisvoll. Die Wirkung der Dampfbremse noch durch das zusätzliche Auslösen der Fallgewichtsbremse zu verstärken, lag nahe, erwies sich aber als untunlich. Es ist zu bedenken, daß eine Verzögerung von 4 m/sk² für auf dem Korb befindliche Leute bereits die Gefahr erheblicher Verletzungen in sich schließt und die Beanspruchung des abwärts gehenden Trums gegenüber dem Beharrungszustande um rd. 40 v. H. erhöht. Eine beliebige Steigerung der Bremskräfte verbietet sich schon aus diesen Gründen. Vor allem aber bringt die Heranziehung der

Fallgewichtsbremse eine große Gefahr insofern mit sich, als das Wiederaufwinden des Fallgewichtes den Führer verhältnismäßig lange Zeit vollständig in Anspruch nimmt. Inzwischen können auf einem in den Sumpf geratenen Korb befindliche Mannschaften ertrinken. Da dieses Mittel also bei der üblichen Ausbildung der Gewichtsbremse dem Maschinisten die nach eingetretenem Übertreiben unbedingt erforderliche sofortige Wiederbeherrschung der Maschine nimmt, wird es heute im allgemeinen nicht mehr angewandt. Sofern allerdings das Fallgewicht augenblicklich durch einen Dampfhubzylinder wieder gelüftet werden kann, würde dieser Gesichtspunkt zwar gegenstandslos werden, die Gefahr, die eine übermäßige Steigerung der Verzögerung für Seil und Manschaften mit sich bringt, bleibt dagegen auch hier voll und ganz bestehen. Zusammenfassend läßt sich also sagen, daß eine größere, nur mit Übertreibvorrichtung ausgerüstete Trommelmaschine gegen Unglücksfälle nicht gesichert ist, sofern das Übertreiben mit einer Geschwindigkeit erfolgt, die in den allergünstigsten Fällen 8—9 m, d. h. weniger als die Hälfte der üblichen Höchstgeschwindigkeit beträgt. Dafür nun, daß dieser kritische, von Fall zu Fall verschiedene Wert der Übertreibgeschwindigkeit nicht erreicht wird, besteht bei einer derartigen Maschine keinerlei Gewähr, die außerhalb der Zuverlässigkeit des Maschinisten liegt.

Für die ums Jahr 1900 bereits in der Ausbreitung begriffene Treibscheibenmaschine lagen die Verhältnisse aus einem weiteren Grunde noch ungünstiger. Zwar liefert die Dampfbremse hier wegen der weit geringeren Massen rechnerisch meist größere Verzögerungen bis zu etwa 6 m/sk², doch sind diese großen Bremskräfte zum Anhalten des bewegten Korbes keineswegs voll ausnutzbar. Die Treibscheibe, d. h. die Maschine selbst, wird gewiß durch Einschalten der vollen Bremskraft stillgesetzt, doch rutscht dann das Seil infolge der großen Bewegungsenergie der mit ihm verbundenen Massen unweigerlich weiter durch.

Beim freien Auslauf eines normalen Lastenzuges wird durch die Wirkung der Verzögerung das aufgehende Trum entspannt, das abwärtsgehende stärker belastet. Der Unterschied der beiden Spannungen verkleinert sich mithin gegenüber dem Beharrungszustande, d. h. die Sicherheit gegen Seilrutsch, der im Sinne der stärkeren Seilspannung, vorab also entgegengesetzt der Fahrtrichtung, eintreten will, wächst. Der Unterschied der beiden Spannungen muß bei Ausschluß jeder relativen Bewegung zwischen Seil und Treibscheibe stets gleich deren Massenwiderstand, vermindert um die Eigenreibung der Maschine, sein.

Bremsen oder Gegendampfgeben bedeutet eine Erhöhung des Maschinenwiderstandes, verkleinert also den Unterschied der beiden Seilspannungen und erhöht die Sicherheitsziffer gegen Rutschen. Wird die künstlich vergrößerte Maschinenreibung g'eich dem Produkt aus Trägheitsmoment der Treibscheibe und der Winkelverzögerung, so braucht vom Seil auf die Scheibe keine Kraft mehr übertragen zu werden. Die beiden Seilspannungen werden dann gleich, die Sicherheit gegen Seilrutsch erreicht den Wert Unendlich. Sofern die Bremsung der Maschine noch über dieses Maß hinaus gesteigert wird, unterstützt sie die ver-

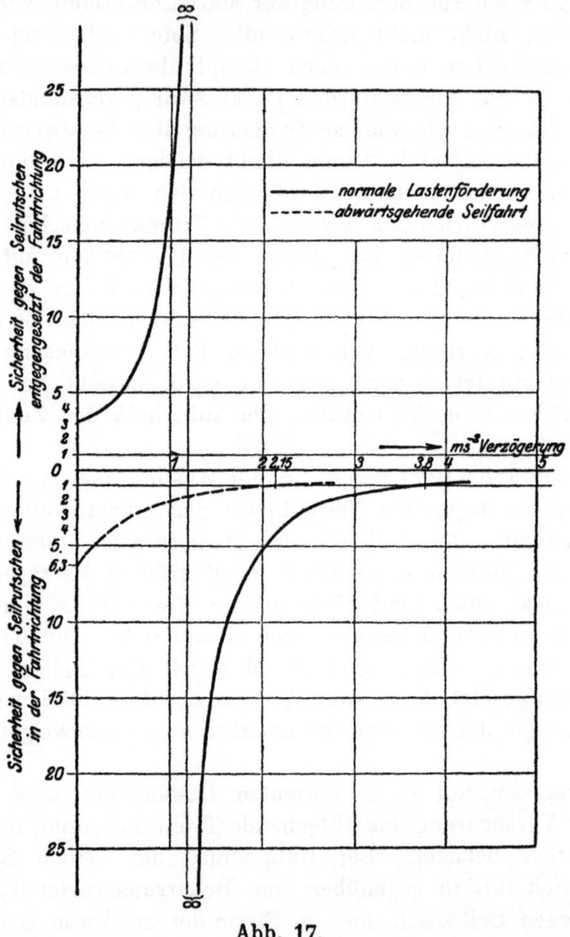

Abb. 17.

zögernde Wirkung vom Übergewicht des aufgehenden Trums, so daß jetzt von der Scheibe eine Kraft auf das Seil geäußert, und dadurch das Übergewicht auf das abgehende Seil verlegt wird. Damit wird auch jetzt eine Gefahr des Rutschens in einer dem Anfangszustande entgegengesetzten Richtung, d. h. im Sinne der Fahrt, herbeigeführt. Je stärker gebremst wird, um so mehr wächst das Übergewicht des

Leertrums, um so geringer wird also die Sicherheit gegen Rutschen. Sobald diese Sicherheitszahl unter den Wert 1 sinkt, ist das Gleichgewicht gestört, und das Seil rutscht durch.

Sofern Lasten eingehängt werden, ist schon im Beharrungszustande das abwärtsgehende Seil stärker gespannt. Sein Übergewicht nimmt mit der Größe der Verzögerung rasch zu, die Sicherheitszahl ab, und die Gefahr des Rutschens, das von vornherein nur in der Fahrtrichtung eintreten konnte, tritt bereits sehr viel früher ein als bei der Aufwärtsförderung. Die Verhältnisse sind für das früher bereits behandelte Beispiel der Achtwagenförderung mit vollkommenem Seilausgleich — vergl. S. 34 — durchgerechnet und in dem Schaubild Abb. 17 dargestellt. Man erkennt daraus, daß für den freien Auslauf der normalen Lastenförderung, der durchweg mit einer Verzögerung von 0,8—1,2 m/sk² erfolgt, die Sicherheitszahl sehr groß, Seilrutsch also niemals zu befürchten ist. Mit $b = 1,2$ werden im vorliegenden Falle die beiden Seilspannungen gleich, die Sicherheit also unendlich groß. Jetzt tritt auch die erwähnte Umkehrung des Richtungssinnes ein, mit wachsender Verzögerung nimmt die Sicherheit weiterhin rasch ab und würde bei $b = 3,8$ m/sk² bereits zu 1. Für abwärtsgehende Seilfahrt liegt natürlich die Kurve der Sicherheitswerte von vornherein in der unteren Hälfte der Figur, beginnt in der Beharrungsperiode mit dem Wert $\mathfrak{S} = 6,3$ und schneidet die Linie $\mathfrak{S} = 1$ bei $b = 2,15$. Für andere Maschinen ändern sich natürlich die Zahlenwerte, und bei unvollständigem Seilausgleich ergibt sich für jeden Punkt des Auslaufes ein anderes Diagramm. Der grundsätzliche Charakter der Kurven bleibt aber stets bestehen. Diese zeigen, daß mit Rücksicht auf ein zuverlässiges Anhalten des Korbes und nicht nur der Maschine Verzögerungen unzulässig sind, die für den vorliegenden Fall bei Lastenförderung den Wert von etwa 3, beim Einhängen von etwa 1,5 überschreiten.

Diese Betrachtung gilt selbstverständlich ebenfalls für die elektrische Fördermaschine, die gegen ein Durchrutschen des Seiles in keiner Weise besser gesichert ist, wenn zu stark, sei es mechanich oder elektrisch, gebremst wird. Es handelt sich hier um eine besondere Eigenschaft der Treibscheibenförderung, die mit der Frage der Antriebsmaschine gar nichts zu tun hat und in jedem Falle bei der Festlegung von Fahrweise, Sicherheits- und Regeleinrichtungen nach den jeweiligen Verhältnissen zu prüfen ist. Sich darauf zu verlassen, daß auch das durchrutschende Seil infolge der Reibung in der Holzfütterung der Treibscheibe bald zum Stillstand kommen muß, würde sehr gefährlich sein. Ganz abgesehen davon, daß der Seilrutsch als ein Vorgang, dem Maschinist und Sicherheitsapparat vollständig machtlos gegenüberstehen, der in seinem Verlauf dem auf den Teufenzeiger angewiesenen Mann gar nicht erkennbar wird, auch nicht als äußerstes Mittel in die Rechnung eingestellt werden darf, ergibt er, vor allem bei abwärts gehender Last, nur verhältnismäßig schlechte Bremswirkung.

Die beim Rutschen sich ergebenden Auslaufwege „s" sowie die zugehörigen, als unveränderlich angenommenen Verzögerungen „b" lassen sich zahlenmäßig aus den folgenden Formeln bestimmen, die auf Grund einer einfachen Überlegung leicht aufzustellen sind.

1. Das Durchrutschen tritt bei normaler Aufwärtsförderung ein:

$$b = \frac{U + R + S_1 (e^{\mu\alpha} - 1)}{M'} \qquad 66)$$

$$s = \frac{M' v^2}{2 [U + R + S_1 (e^{\mu\alpha} - 1)]} \qquad 67)$$

2. Das Durchrutschen tritt bei Abwärtsförderung ein:

$$b = \frac{S_2 (e^{\mu\alpha} - 1) + R - U}{M'} \qquad 64a)$$

$$s = \frac{M' v^2}{2 [S_2 (e^{\mu\alpha} - 1) + R - U]} \qquad 65a)$$

In diesen Formeln, bei deren Ableitung die praktisch zulässige Annahme gemacht ist, daß die Treibscheibe mit ihrer verhältnismäßig geringen Masse von der voll einfallenden Bremse nahezu augenblicklich, jedenfalls aber gleichzeitig mit dem Beginn des Rutschens stillgesetzt wird, bedeuten:

M' die Masse sämtlicher, quadratisch auf das Seil bezogener Gewichte, ausgenommen die Treibscheibe.

v die Seilgeschwindigkeit, bei der das Rutschen beginnt.

U das statische Übergewicht des Nutzlasttrums, das bei vollkommenem Seilausgleich durch die Nutzlast, bei unvollkommenem durch diese zuzüglich des jeweiligen Einflusses vom Seilübergewicht dargestellt wird.

R die wiederum als Bruchteil der Nutzlast einzusetzende Schachtreibung.

S_1 die statische Spannung des Nutzlasttrums.

S_2 die statische Spannung des Leertrums.

$e^{\mu\alpha}$ die bekannte Zahl der Seilreibung.

Bezüglich des letzteren Wertes ist zu beachten, daß der in einer früheren Rechnung gewählte Wert $e^{\mu\alpha} = 2$ hier zu günstig erscheint, da für μ jetzt nicht mehr die Festzahl der ruhenden, sondern die der gleitenden Reibung einzuführen ist. Ferner ist anzunehmen, daß, ganz abgesehen vom ungünstigen Einfluß feuchten Wetters, beim Rutschen das Holz infolge der Möglichkeit allseitigen Luftzutrittes an der Oberfläche verkohlt, also glatter wird, und daß infolgedessen die Reibungszahl weiter sinkt. In dieser Beziehung sind die Verhältnisse ungünstiger als bei den Bremsbacken. Diese legen sich satt gegen die Bremsringe, so daß Luft an die reibenden Flächen nicht herantreten kann. Ein Verbrennen oder Verkohlen der Backen ist vom Verfasser im praktischen Betriebe niemals beobachtet. Diese schleifen nur ab, bewahren aber vollkommen ihre Holzstruktur. Der beim scharfen Bremsen zu beobachtende Rauch, der scheinbar mit dieser Behauptung in Widerspruch steht, ist darauf zurückzuführen, daß die vom Bremsring abgerissenen erhitzten Holzteilchen verbrennen, sobald sie unter den Backen hervor und mit dem Sauerstoff der Luft in Berührung treten.

Genaue Versuche, die die Reibungsziffer für ein durchrutschendes Seil festgestellt hätten, liegen nicht vor, man ist also auf Schätzung angewiesen. Aus den vorstehenden Gründen wird es nicht zu vorsichtig gerechnet sein, wenn bei der Betrachtung des Seilrutsches der für den Fall der Ruhe gewählte Wert $\mu = 0,21$ auf $0,15$ verkleinert und damit für $e^{\mu\alpha}$ statt 2 der Wert 1,65 gesetzt wird. Für das bereits mehrfach behandelte Beispiel der Achtwagenförderung mit vollkommenem Seilausgleich ergibt sich unter dieser Annahme die durch den Seilrutsch zu erwartende Verzögerung zu 4,2 m/sk² bei normaler Lastenförderung und zu nur 1,7 m/sk² bei abwärtsgehender Seilfahrt. Besonders der letztere Wert ist außerordentlich niedrig und zeigt, daß in diesem Falle ein einmal rutschendes Seil nicht so schnell wieder zur Ruhe kommt.

Zusammengefaßt gilt nach allem für die Treibscheibenmaschine, daß die Übertreibvorrichtung allein sie noch weniger gegen Unglücksfälle schützt, als unter sonst gleichen Umständen die Trommelmaschine. Während in einem bestimmten günstigen Falle hier die volle Bremskraft die Maschine vielleicht noch gerade rechtzeitig zum Halten bringen kann, ist dort deren Einschaltung nicht möglich, wenn das bei größeren Übertreibgeschwindigkeiten und vor allem bei Abwärtsförderung verhängnisvolle Seilrutschen vermieden werden soll.

Dieser Stand der Dinge, wie er bei den meisten Anlagen für das Ende der 90er Jahre zutraf, verlangte unbedingt eine Weiterbildung der Sicherheitseinrichtungen nach der Seite hin, daß das Auftreten gefährlicher Übertreibgeschwindigkeiten überhaupt vermindert wurde. Ferner erforderte die Sicherung der Treibscheibenmaschine im besonderen, die Einschaltung unzulässig großer Bremskräfte mit Rücksicht auf den Seilrutsch wenigstens so lange zu vermeiden, als der Korb noch nennenswerte Geschwindigkeiten besaß.

Die Verwirklichung der ersten Forderung erstrebten die in den

90er Jahren, also bereits vor dem Auftreten der elektrischen Fördermaschine, zuerst auf dem Markt erscheinenden Sicherheitsapparate, als deren typischer Vertreter die bekannte Bauart von Baumann angesehen werden kann. Durch das Zusammenwirken eines statischen Reglers und eines entsprechend geformten verzahnten Hebels mit der Teufenzeigermutter wurde die Bremse zum Einfallen gebracht, sobald an irgendeiner Stelle des Auslaufweges die Geschwindigkeit größer war, als die vorgeschriebene. Dadurch werden allerdings, richtige Einstellung des Apparates vorausgesetzt, unzulässige Übertreibgeschwindigkeiten ausgeschlossen, jedoch war das angewandte Mittel viel zu roh, um im praktischen Betriebe zu befriedigen. Mit Recht wurde das Einschalten der vollen Bremskraft, d. h. das schnellstmögliche Stillsetzen der Maschine als viel zuweitgehende Maßnahme empfunden, wenn beispielsweise 60 m vor der Hängebank die Seilgeschwindigkeit 11 statt 10 m betrug. Ein solcher Eingriff bedeutete eine unnötige Beanspruchung von Maschine, Seilen und Schachtgerüst, Zeit- und Dampf-

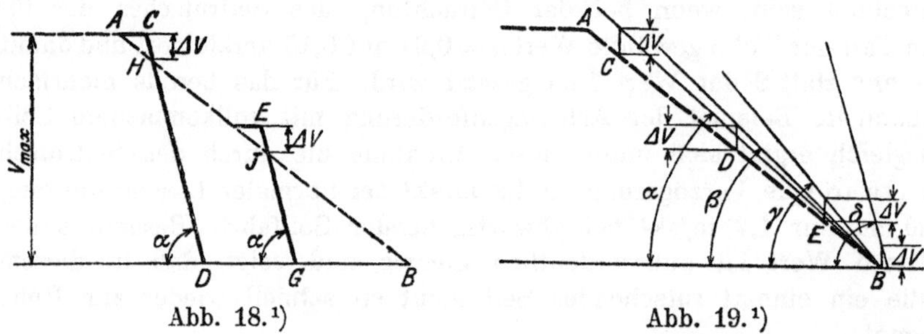

Abb. 18.[1])   Abb. 19.[1])

verlust, eine unerwünschte Beunruhigung des Maschinisten, und bei der Seilfahrt unter Umständen eine erhebliche Schädigung der auf dem Korb befindlichen Leute.

Die besonderen Erfordernisse der Treibscheibenförderung waren bei diesen, wie auch noch auf lange Zeit hinaus bei den späteren Apparaten überhaupt nicht berücksichtigt, wenn man von vereinzelten, nicht näher veröffentlichten Versuchen mit Seilbremsen absieht. Das urteilslose Einleiten der größten Verzögerung mußte in den meisten Fällen, zum mindesten stets bei Abwärtsförderung, zu Seilrutsch führen.

Abb. 18[1]) veranschaulicht die Wirkungsweise eines derartigen Apparates. Überschreitet in Punkt C oder E die tatsächliche Geschwindigkeit das vorgeschriebene Diagramm um den geringen Betrag $\varDelta v$, der durch die Einstellung des Apparates, sowie Ungleichförmigkeits- und

---

[1]) Die Abbildungen 18, 19 und 20 sind auf Zeitgrundlage verzeichnet, um die grundsätzlichen Vorgänge in einfachster Weise klar zu stellen. Streng genommen würden Geschwindigkeits-Wegdiagramme richtiger sein, die dem ganzen Zusammenhange eines Sicherheitsapparates unmittelbarer entsprechen.

Unempfindlichkeitsgrad des Reglers gegeben ist, so wird der Korb sofort nach der Linie C D bzw. E G stillgesetzt, wobei $tg\alpha = b_s$ die volle Bremsverzögerung bedeutet. Es liegt auf der Hand, daß die Einwirkung des Apparates auf den Strecken H D bzw. J G überflüssig und schädlich ist. Die Sicherung der Maschine hätte nur verlangt, den Korb bis zum Punkte H bzw. J zu verzögern, dann aber die Maschine solange sich selbst zu überlassen, als das jetzt wieder erreichte richtige Fahrdiagramm nicht von neuem überschritten wurde. Darüber hinaus wäre noch mit Rücksicht auf die Beanspruchung des Seiles, die Sicherung der Leute auf dem Korb und die Vermeidung von Seilrutsch zu verlangen, daß die Verzögerung nicht schroffer als nötig, jedenfalls nicht urteilslos mit der größten Bremskraft erfolge. Abb. 19 [1]) zeigt angenähert die zulässigen Kleinstwerte der Verzögerung für verschiedene Punkte der Auslauflinie. Die Verzögerung braucht hiernach im Punkt C nicht größer zu sein, als durch den Wert $tg\,\alpha$ angegeben wird, um dann, allmählich zunehmend, in der Hängebankstellung erst den Größtwert $tg\delta = b_s$ zu erreichen. Wird man auch im praktischen Betriebe diese Kleinstwerte nicht verwirklichen wollen, einmal um noch eine gewisse, zusätzliche Sicherheit zu behalten, zum anderen, um eine zeitlich übermäßig lange Einwirkung der Bremse zu vermeiden, so bleibt doch der Grundsatz bestehen, daß ein guter Sicherheitsapparat bei größeren Korbgeschwindigkeiten, d. h. größeren Abständen von der Hängebank, mit geringeren Verzögerungen arbeiten soll als gegen das Fahrtende. Erst für den Fall des Übertreibens, das, gemäß der bereits vorhergegangenen Überwachung des Auslaufes, nur mit sehr kleiner Geschwindigkeit überhaupt erfolgen kann, ist die Auslösung der vollen Bremswirkung geboten, dann aber auch wegen der Kleinheit der noch vorhandenen lebendigen Kraft zulässig und, selbst bei Treibscheibenförderung, ungefährlich.

Nach diesen Gesichtspunkten läßt sich leicht ermessen, daß die erwähnten älteren Sicherheitsapparate noch keineswegs vollkommen, und denen der neuen elektrischen Fördermaschinen auch nicht annähernd ebenbürtig waren, zumal sie ferner eine Sicherung gegen Überschreiten der zugelassenen Höchstgeschwindigkeit im allgemeinen überhaupt noch nicht besaßen. Ihre Mängel veranlaßten den Betriebsmann nur gar zu leicht dazu, den als Störenfried empfundenen Apparat gänzlich auszuschalten.

Eine der damaligen Bauarten, der von der Königlichen Hütte in Gleiwitz vertriebene Müllersche Sicherheitsapparat, war jedoch seinen Wettbewerbern grundsätzlich weit voraus. Er erstrebte bereits, die Einwirkung auf die Maschine regelbar zu gestalten und selbsttätig wieder

---

[1]) Vergl. Anmerkung Seite 66.

aufzuheben, sobald die erforderliche Geschwindigkeitsabnahme erreicht war. Wenn trotz seiner richtigen Grundlagen dieser Apparat, wenigstens außerhalb Oberschlesiens, kaum Verbreitung gefunden hat, so lag das nur an einer ungenügenden baulichen Durchbildung. Was hier mit Recht erstrebt wurde, verlangte zu einer praktischen Verwirklichung eine regelbare Bremse und bei den kleinen Verstellkräften des statischen Reglers entsprechend geringe Muffenbelastung. Diese beiden Bedingungen waren nun sehr unvollkommen erfüllt. Der einfache Kolbenschieber mit Drosselkante bot bei ruckweisem Hochgehen des Reglers keine genügende Sicherheit dagegen, daß nicht plötzlich der volle Bremsdruck eingeschaltet und die Maschine stillgesetzt wurde, bevor die zu stark belastete Muffe wieder gesunken war. Erst einer späteren Zeit war es vorbehalten, die richtigen Mittel zur Verwirklichung eines schon damals klar erkannten Gedankens zu finden.

Die Sicherheitsapparate der elektrischen Fördermaschine, die nach der Jahrhundertwende weiter bekannt wurden, dienten naturgemäß auch bei der Weiterbildung der Dampffördermaschine in zunehmendem Maße als Vorbild. Die am Umfange einer besonderen Scheibe angeordneten Retardierkurven des bekannten Apparates der Siemens-Schuckert-Werke wurden jetzt auch hier vielfach nachgeahmt. Ferner versah man jetzt auch die Apparate der Dampffördermaschinen meist mit einer Anfahrregelung, die sich genau wie bei dem benutzten Vorbilde durch Verriegelung des Steuerhebels für die falsche Fahrtrichtung leicht ausbilden ließ. Hier wurde also ein gewisser, allerdings nach den früheren Darlegungen für die Sicherung der Maschine mehr untergeordneter Fortschritt gemacht. An die Aufgabe der Verhinderung einer Überschreitung der Höchstgeschwindigkeit trat man jetzt auch heran. Solange hier, wie beispielsweise beim Schlüterschen Apparat, als einziges Mittel die Bremse angewandt wurde, die auch in der Beharrungsperiode die geringste Überschreitung der vorgeschriebenen Geschwindigkeit mit dem sofortigen Stillsetzen der Maschine quittierte, war natürlich nur der alte Fehler der früheren Apparate an der denkbar ungeeignetsten Stelle wiederholt. Erst als man später berücksichtigte, daß die ganze Frage nur im Zusammenhang mit der zwangläufigen Regelung des Beharrungsabschnittes zu betrachten sei, wurde die Aufgabe richtig gelöst. Es handelt sich hier um die Beeinflussung eines Zeitabschnittes, bei dem im Gegensatz zum freien Auslauf der Maschine noch Energie zugeführt wird. Demnach ist das gegebene Mittel das, die Einhaltung der festgesetzten Höchstgeschwindigkeit durch Regelung der Energiezufuhr zu erzwingen. Erst wenn dieser Weg trotz vollständigen Abstellung des Dampfes nicht genügt, was ja bei negativen Lasten der Fall ist, darf zu einer Betätigung der Bremse gegriffen werden — durch den Sicherheitsapparat einzustellende Gegendampfwirkung muß auch hier wegen ihrer geringen Regelbarkeit außer Betracht bleiben —. Es liegt aber auf der Hand, daß die Bremse wegen der großen Seilgeschwindigkeit jetzt erst recht regelbar sein muß und zunächst nur mit einem kleinen Bruchteil ihrer Vollleistung angezogen werden darf. Wegen des großen, noch zur Verfügung stehenden Weges ist das natürlich auch ganz unbedenklich.

Mit der starken Anlehnung an das Vorbild der elektrischen Fördermaschine war nun in einer Beziehung ein großer Fehler gemacht, der jahrelang fast allen Bauarten von Sicherheitsapparaten anhaftete und ihren praktischen Wert ganz empfindlich beeinträchtigte. Die von der elektrischen Fördermaschine übernommene Retardierscheibe regelt mit ihren beiden Kurven sowohl die Anfahr- als auch die Auslaufzeit. Mit Rücksicht auf die wünschenswerte bauliche Einfachheit wird nun jede Kurve nacheinander für den Auslauf des einen und die Anfahrt des nächstfolgenden Zuges benutzt. Dadurch ist natürlich für beide Abschnitte genau der gleiche Geschwindigkeitsverlauf vorgeschrieben. In dieser Festlegung einer höchstzulässigen Anfahrbeschleunigung liegt

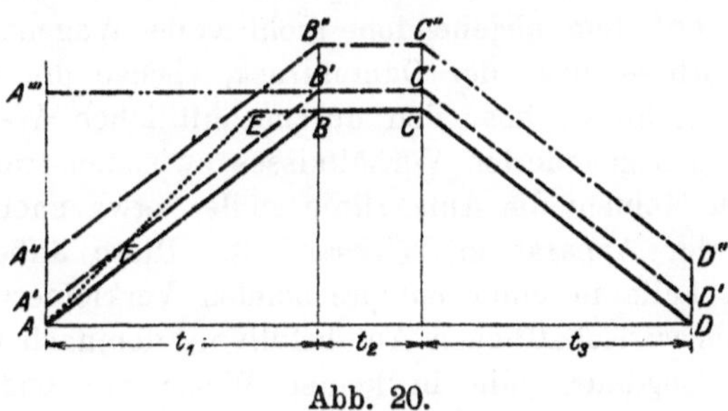

Abb. 20.

zunächst eine gewisse Beschränkung in der Ausnutzung der Anlage. Bei der elektrischen Fördermaschine kann oder muß man sich diese gefallen lassen, da das Anfahrmoment mit Rücksicht auf die beschränkte Überlastbarkeit des Motors einen bestimmten Wert nicht überschreiten darf. In diesem Sinne kann man auch der Regelung der Anfahrt, die ja an und für sich für die Sicherung des Zuges belanglos ist, einen gewissen Wert für die besondere Sicherung des elektrischen Teiles nicht absprechen. Bei der Dampffördermaschine liegen aber die Verhältnisse in mehreren Beziehungen grundsätzlich anders. Ihr Anfahrmoment findet, abgesehen von den Rücksichten auf den Dampfverbrauch, seine Grenze nur in den Zylinderabmessungen. Die Überlastungsfähigkeit einer richtig bemessenen Maschine ist nun erheblich größer als die des Elektromotors, dessen Kupferquerschnitte gerade für die einmal festgelegte Spitzenleistung bestimmt sind. Hiernach ist eine Beschränkung der Anfahrbeschleunigung bei der Dampffördermaschine sachlich nicht geboten, darum störend und überflüssig. Entscheidender ist noch der folgende Gesichtspunkt:

Bei der elektrischen Gleichstromfördermaschine ist der Geschwindigkeitsverlauf unabhängig von der Belastung, erfolgt also keinesfalls oberhalb des von den Retardierkurven gesteuerten Diagrammes A B C D (Abb. 20).[1]) Stellt man auch bei der Dampffördermaschine den gesamten Zug unter die Herrschaft der Sicherheitsvorrichtung, so würde A' B' C' D' das Schutzdiagramm sein, bei dessen Überschreiten der Apparat einwirkt. $AA' = \varDelta v$ ist auch hier wieder gegeben durch die Einstellung, sowie Ungleichförmigkeits- und Unempfindlichkeitsgrad des Reglers. Da nun beim Dampfbetrieb die Unabhängigkeit des Geschwindigkeitsverlaufes von der Belastung nicht vorliegt, und der Maschinist mit einer festen, durch Anweisung oder Gewöhnung gegebenen Hebelauslage, d. h. Maschinenfüllung, anfahren wird, kann im Gegensatz zur elektrischen Fördermaschine die Anfahrlinie A B nur verwirklicht werden, sofern bei dem betreffenden Zuge die normalen, der theoretischen Festlegung zugrunde gelegten Werte von Belastung und Dampfdruck vorhanden sind. Sobald aber einmal die Belastung kleiner ist, als die angenommene — Steinwagen auf dem abgehenden, nicht volle Wagenzahl auf dem aufgehenden Korb — bzw. der Dampfdruck, ebenso die Luftleere bei Kondensationsmaschinen, über den durchschnittlichen Wert steigt —, verläuft wegen des geänderten Verhältnisses zwischen treibendem und widerstehendem Moment die Anfahrlinie steiler, etwa nach A E und in Punkt F tritt der Apparat in Wirksamkeit. Diese äußert sich nun im günstigsten Falle in einer entsprechenden Verkleinerung der normalen, durchaus wirtschaftlichen Anfahrfüllung, demnach in einer Verlängerung der Zugdauer, die in keiner Weise notwendig oder gar wünschenswert ist.

Bei einer Reihe von Bauarten wirkte nun der Apparat während der Anfahrt genau so auf die Maschine ein wie beim Auslauf, d. h. er führte, sobald er überhaupt in Wirksamkeit trat, sofort die Steuerung in die Nulllage zurück und legte weiterhin die Bremse auf. Damit wurde denn in vielen Fällen die Maschine einfach stillgesetzt. Die Störung der Förderung, die überflüssige und darum als Beunruhigung empfundene Bevormundung des Maschinisten waren selbstverständlich bei einem derartigen Apparat noch viel größer. Natürlich wollte sich der praktische Betrieb in keinem Falle mit einer solchen Wirkungsweise der Sicherheitsvorrichtung oder auch nur einer Verlängerung der Zugdauer durch Verhindern flotter Anfahrt zufrieden geben. Sofern der Maschinist den Zusammenhang des Apparates genügend verstand, half er sich mit einer leicht möglichen Verstellung des Gestänges in dem Sinne, daß jetzt das Schutzdiagramm durch A'' B'' C'' D'' dargestellt

---

[1]) Vgl. Anmerkung Seite 66.

wurde. Dann fand auch bei schärferer als der normalen Anfahrt keine Einwirkung statt. Natürlich wurde aber damit die Sicherung von Beharrungsperiode und Auslauf ganz erheblich verschlechtert wegen des durch die Verstellung erheblich vergrößerten Wertes von $\varDelta v$. In den meisten Fällen wußte sich der Mann aber überhaupt nicht anders zu helfen, als daß er kurzerhand die Retardierscheibe ganz ausschaltete. Damit war denn von dem ganzen Sicherheitsapparat nichts weiter übrig geblieben, als die durchweg von den Teufenzeigermuttern unmittelbar betätigte Übertreibvorrichtung, die doch längst als allein unzureichend erkannt war. Dieser Zustand hat leider in großem Maße lange Zeit bestanden und hat nicht zum wenigsten zu der geringen Wertschätzung beigetragen, die der praktische Betriebsmann den Sicherheitsapparaten jener Zeit entgegenbrachte. Aus diesem grundlegenden Fehler heraus erwuchs dann die Forderung, die heute von allen neueren, wettbewerbsfähigen Bauarten erfüllt wird, daß die Anfahrt, abgesehen vom Verhindern einer Überschreitung der überhaupt zugelassenen Höchstgeschwindigkeit, frei bleibt, das Schutzdiagramm also nach A''' B' C' D' verläuft. Diese auf den ersten Blick nebensächliche Neuerung hat den praktischen Wert der damit ausgerüsteten Apparate in außerordentlich weitgehendem Maße gehoben.

Es blieb nun noch die bereits nachgewiesene große Unzulänglichkeit zu beseitigen, die in dem plötzlichen, stoßweisen Einschalten der vollen Bremskraft lag. Dazu war zunächst erforderlich, die Bremswirkung regelbar zu gestalten. Die einfachste und ursprünglichste Lösung dieser Aufgabe bildete der mehrstufige Bremskolben, wobei ein entsprechend ausgebildeter Steuerschieber bei kleinem Hub den Dampf nur unter die erste Stufe, bei weiterer Auslage nacheinander noch zusätzlich unter die anderen Stufen des Kolbens eintreten ließ. Diese Bauart war einfach und durchsichtig. Sie wird auch heute noch ausgeführt. Ihre Nachteile liegen auf der Hand: Die große Zahl von Dichtungen an Kolbenschieber und Kolben ergibt entsprechend viele Quellen für Undichtheitsverluste. Weiterhin ist die Abstufung nur grob und liefert bis zum vollen Bremsdruck höchstens zwei Zwischenwerte. Vor allem aber ist deren Größe keineswegs ein für allemal unveränderlich, sondern ändert sich natürlich mit dem Dampfdruck, der gerade bei Kohlenzechen erheblich schwankt. Es kann demnach bei ausnahmsweise hohem Kesseldruck sehr wohl der Fall eintreten, daß bereits die erste Druckstufe eine höhere Bremswirkung ergibt, als mit der Sicherheit gegen Seilrutsch vereinbar ist. Grundsätzlich richtiger erscheint aus diesen Gründen die Verwendung der sogenannten Bremsdruckregler, deren erstes Auftreten sich an den Namen Iversen knüpft. Inzwischen ist noch eine Reihe weiterer Bauarten viel verbreitet worden, die im einzelnen in der Fachliteratur (Z. d. V. d. I. 1911 S. 2002 ff., Teiwes und Förster, Die Schachtfördermaschine, Springer 1913) genau beschrieben und sämtlich auf der gleichen Grundlage einer Differentialsteuerung aufgebaut sind. Alle diese Apparate gestatten, den Druck im Bremszylinder in Abhängigkeit von der Stellung des von außen betätigten Schiebers in unendlich vielen Zwischenstufen von Null bis zur vollen Dampfspannung zu regeln. Diese Druckregler sind daher grundsätzlich der alten Stufenbremse weit überlegen, haben allerdings im praktischen Betrieb in der ersten Zeit zu vielfältigen Störungen Veranlassung gegeben. Häufig trat ein ständiges Überregulieren der beiden, durch eine Rückführung im Zusammenhang stehenden Schieberkolben ein, Undichtigkeiten und Klemmungen, verursacht durch ungeeignete Schmierungseinrichtungen, falsche Querschnittsbemessungen, sowie ungenaue Werkstattausführung haben oft zur Außerbetriebnahme des Reglers geführt. Heute müssen all diese anfänglichen Schwierigkeiten als überwunden gelten. Verbesserungen in der Bauart und die unbedingt erforderliche größere Sorgfalt in der Herstellung haben bewirkt, daß dem Käufer jetzt Bremsdruckregler der verschiedensten Systeme zur Verfügung stehen, die bei dauernder Betriebssicherheit den angestrebten Zweck voll und ganz erfüllen.

Die damit erreichte Regelbarkeit der Bremse hatte zunächst den großen Vorzug, daß sie die betreffenden Maschinenteile infolge des allmählichen Anwachsens des Druckes und der Möglichkeit seiner Begrenzung auf einen niedrigen, für den normalen Betrieb ausreichenden Wert sehr schonte. Sie war aber auch von entscheidender Bedeutung für die Weiterbildung der Sicherheitsapparate.

Für deren Einwirkung auf die regelbare Bremse standen zwei Wege zur Verfügung. Der erste ist an und für sich mehr auf die Stufenbremse zugeschnitten, kann aber auch ohne weiteres beim Vorhandensein eines Bremsdruckreglers beschritten werden. Bei einer Geschwindigkeitsüberschreitung wird durch das Zusammenwirken von Regler und Retardierkurve ein mit mehreren Klinken versehener Hebel bewegt, deren oberste ein kleines Fallgewicht stützt. Gleitet schließlich diese oberste Klinke ganz ab, so fällt das Gewicht so lange, bis es von der zweiten wieder aufgefangen wird. Damit wird auch der Bremsschieber um einen gewissen Bruchteil seines Hubes verstellt. Die Verhältnisse sind nun so zu wählen (erste Bremsstufe bei Stufenkolben bzw. Bremsdruck von etwa 1,5—2 at bei Druckregler), daß dabei nur eine geringe, Seilrutsch ausschließende Bremskraft entsteht. Erst, wenn die dadurch erzielte Verzögerung nicht genügt, der Klinkenhebel also noch weiter verdreht wird, fällt das Gewicht um eine Stufe bis zur nächsten Klinke weiter, erhöht also die Bremswirkung entsprechend. Auf diese Weise kann in meist zwei bis drei Stufen schließlich der volle Bremsdruck eingeschaltet werden.

Schematisch ist ein auf dieser Grundlage arbeitender Sicherheitsapparat in Abb. 21 dargestellt, die einer älteren Ausführung der Gutehoffnungshütte entspricht. Die Wiege „L" wird beeinflußt einerseits durch den von der Maschine angetriebenen Regler R, d. h. die jeweilige Seilgeschwindigkeit, andererseits vermittels der an Winkelhebel w_1 sitzenden Rolle r durch das, vom Teufenzeiger bewegte Kurvenstück K, d. h. also durch die jeweilige Stellung des Korbes im Schacht.

Die Verhältnisse sind nun so abgestimmt, daß der Endpunkt P von

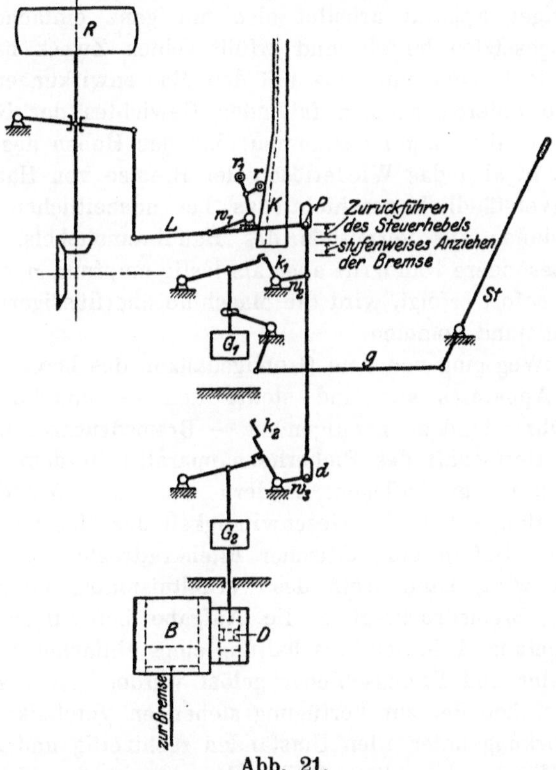

Abb. 21.

L seine Lage unverändert beibehält, solange der tatsächliche Geschwindigkeitsverlauf mit dem gewollten übereinstimmt. Überschreitet dagegen die Geschwindigkeit an irgend einer Stelle den zugelassenen Wert, so geht P abwärts. Vermittels Winkelhebels w_2 und des Klinkhebels k_1 wird dann Gewicht G_1 ausgelöst und durch dieses der Steuerhebel St in seine Mittellage geführt. Durch eine besondere, in der Abbildung nicht angedeutete Ausbildung des Gestänges wird bewirkt, daß sich St stets im richtigen Sinne bewegt, gleichgültig, ob er für die Vorwärts- oder die Rückwärtsfahrt ausgelegt war.

Steigt trotz dieser Maßnahme die Geschwindigkeit noch weiter in unzulässiger Weise an, so wird durch weiteres Heruntergehen von Punkt P nach Durchlaufen des Spieles in der Schleife d Winkelhebel w_3 und der mit mehreren Nasen versehene Klinkenhebel k_2 betätigt. Das dadurch ausgelöste Gewinde G_2 bewegt den Bremsdruckregler D und rückt damit stufenweise die Dampfbremse B ein.

Für die Seilfahrt wird statt r eine zweite Rolle r_1 mit einem zweiten, punktiert angedeuteten Kurvenstück in Eingriff gebracht, damit also ein anderes Schutzdiagramm festgelegt.

Ein derartiger Apparat arbeitet also mit ganz einfachen, keinem Versagen ausgesetzten Mitteln und erfüllt seinen Zweck befriedigend. Seine Nachteile hängen einerseits mit den Massenwirkungen des stoßweise auf die unteren Klinken fallenden Gewichtes der Bremsbetätigung, vor allem aber damit zusammen, daß das Heben des gefallenen Gewichtes, d. h. also das Wiederlösen der Bremse von Hand erfolgen muß. Selbstverständlich geschieht das bei neuzeitlichen Apparaten vom Führerstande aus vermittels des Handbremshebels. Immerhin kann dieser besondere Handgriff aber als lästig empfunden werden und, falls er nicht sofort erfolgt, wird die Maschine überflüssigerweise leicht ganz zum Stillstand kommen.

Der zweite Weg ging von dem Grundgedanken des bereits erwähnten Müllerschen Apparates aus und stellte den — unabhängig davon auch vom Führerstand zu betätigenden — Bremsdruckregler unter die zwangläufige Herrschaft des Sicherheitsapparates in dem Sinne, daß dieser nicht nur das Auflegen, sondern auch das Wiederlösen der Bremse übernahm, sobald die Geschwindigkeit der Maschine genügend gesunken war. Sofern ein statischer Fliehkraftregler für die Betätigung benutzt wird, kann trotz des verhältnismäßig kleinen Widerstandes eines Bremsdruckreglers die Aufgabe befriedigend nur mit indirekter Regelung, d. h. der Einschaltung eines einfachen Servomotors zwischen Regler und Bremsschieber gelöst werden. Nur so ist man wegen der Kleinheit der zur Verfügung stehenden Verstellkräfte sicher, daß die Einwirkung unter allen Umständen rechtzeitig und zuverlässig erfolgt, die Mängel des alten Müllerschen Apparates also beseitigt bleiben. Dieses neue Zwischenglied kann vielleicht auf den ersten Blick als eine unzuverlässige Verwicklung erscheinen. Es hat aber in der Praxis auch in jahrelangem Dauerbetriebe bei richtiger Anordnung und Durchbildung seine unbedingte Betriebssicherheit erwiesen. Dabei sei daran erinnert, daß jede Dampf- oder Wasserturbine ebenfalls nur indirekt geregelt werden kann und dazu weit verwickelterer Hilfssteuerungen bedarf. Demnach handelt es sich also nur um die Übertragung praktisch längst an anderer Stelle erprobter Elemente in ihrer einfachsten Form auf den Sicherheitsapparat.

Die Arbeitsweise eines derartigen Apparates, wie ihn neuerdings die
Gutehoffnungshütte ausführt, kennzeichnet Abb. 22.

Wird hier bei einer unzulässigen Geschwindigkeitsüberschreitung
Punkt P abwärts gedrückt, so wird dadurch der Schieber des Hilfsmotors II betätigt. Dessen nach Maßgabe des Abwärtsganges von P
aufsteigender Kolben führt zunächst vermittels des Kurvenschubes m,
S den Steuerhebel in seine Mittellage zurück, und zwar wiederum
sowohl aus der Vorwärts- als auch der Rückwärtsauslage.

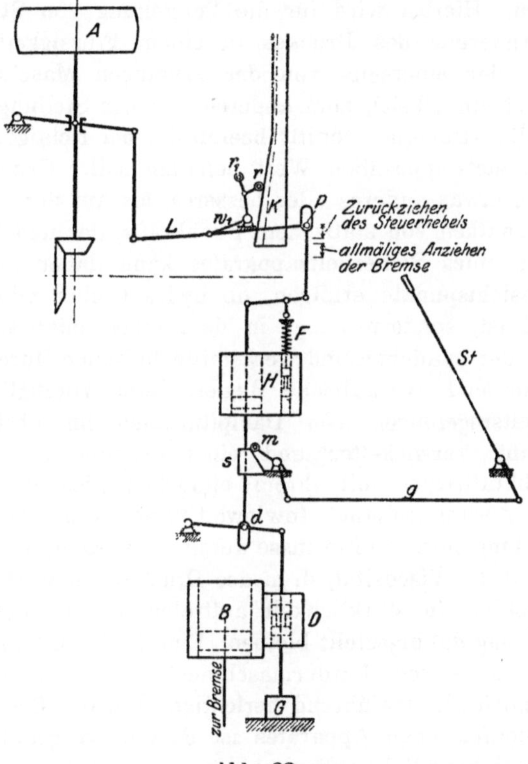

Abb. 22.

Genügt diese Maßnahme nicht, um die Maschine in der gewollten
Weise zu verzögern, rückt also P noch weiter nach unten, so steigt
der Kolben des Hilfsmotors noch weiter aufwärts. Im gleichen Maße
wird dann, nachdem das Spiel in der Schleife d durchlaufen ist, der
Bremsdruckregler bewegt und damit die Bremse nach Maßgabe der Geschwindigkeitsüberschreitung angezogen. Infolge der besonderen Ausbildung des Gestänges bleibt der Handbremshebel dabei vollständig in Ruhe.

Das wesentliche ist nun, daß, sobald P nach eingetretener Ge-

schwindigkeitsverminderung wieder aufwärts geht, die zuvor gespannte
Feder F den Schieber des Hilfsmotors aufwärts drückt. Damit wird im
gleichen Maße dessen Kolben wieder nach unten bewegt, dadurch zunächst die volle Auslage für den Steuerhebel wieder freigegeben und
schließlich die Bremse durch Vermittlung des an der Druckregler-
spindel hängenden Gewichtes G ohne jedes Zutun des Maschinisten
wieder gelöst.

Bekanntlich verwendet eine Reihe von Firmen statt der Fliehkraft-
pendel hydraulische Regler, die natürlich einen besonderen Servomotor
nicht erfordern. Hierbei wird für die Verstellung von Steuerung und
Bremse die Änderung des Druckes in einem Flüssigkeits-Überström-
gefäß benutzt, der einerseits von der jeweiligen Maschinendrehzahl
(Überströmgeschwindigkeit), zum anderen von der Stellung des Korbes
im Schacht (Überströmquerschnitt) beeinflußt, bei richtigem Geschwindigkeitsverlauf stets denselben Wert behalten soll. Grundsätzlich ist
das keineswegs etwas anderes oder besseres, als auf der anderen Seite
das Zusammenwirken von statischem Fliehkraftregler und Teufenkurve.
Die Bewertung eines Sicherheitsapparates kann daher niemals allein
unter dem Gesichtspunkte erfolgen, ob hydraulischer oder Fliehkraftregler benutzt ist, sondern hängt in dem einen oder anderen Falle
weit mehr von der baulichen und werkstatttechnischen Durchbildung ab.

Zweifelsohne sind hydraulische Regler, deren vorzügliche Eignung
für Genauigkeitsregelungen von Dampfturbinen im übrigen ja unbestritten bleibt, verwickelter und einer Prüfung weniger zugäng-
lich als Fliehkraftregler mit ihrem einfachen, jedem Maschinisten
verständlichen Zusammenhang. Inwieweit ferner gerade bei der Förder-
maschinenregelung störende Einflüsse durch die Veränderung der Temperatur und damit der Viscosität, d. h. des Druckes bei wechselnder Zugzahl der Maschine, in Wirklichkeit auftreten, die theoretisch zu befürchten sind, mag dahingestellt bleiben. Eine in der Literatur (Förster,
„Sicherheitsapparate von Fördermaschinen", S. 25) aufgestellte Behauptung sei noch als irreführend berichtigt. Bei der Besprechung des
bekannten Schönfeldschen Apparates ist dort hervorgehoben, daß bei
der gleichen Geschwindigkeitsüberschreitung von 1 m die Verstellkraft
des hydraulischen Reglers mit abnehmender Geschwindigkeit stark
steige, die des Fliehkraftreglers jedoch linear bis auf Null abnähme.
Diese letztere Behauptung würde nur richtig sein, wenn einerseits die
Energie in der unteren Muffenlage Null, zum anderen die Verstellkraft
stets auf die gleiche prozentuale Drehzahländerung, d. h. den gleichen
Unempfindlichkeitsgrad, zu beziehen wäre. Beide Voraussetzungen
treffen nun bei dem verhältnismäßig einfachen und groben Regel-
vorgang eines Sicherheitsapparates nicht zu. Die Energie E einer in
der Praxis für diesen Zweck vielfach gebrauchten statischen Reglertype

ist in der untersten Muffenstellung, die einer Seilgeschwindigkeit von rund 1,7 m entspricht, etwa das 0,19 fache des Wertes, den sie in einer höheren, zu 20 m Seilgeschwindigkeit gehörenden Muffenlage besitzt. Die gleiche Geschwindigkeitsüberschreitung von 1 m würde nun im ersteren Falle einen Unempfindlichkeitsgrad ε von 1,17, im letzteren einen solchen von 0,1 bedeuten. Unter diesen Umständen wird

unter Berücksichtigung der Gleichung $V = E \left(\varepsilon + \dfrac{\varepsilon^2}{4} \right)$ die Verstellkraft

bei 1,7 m Seilgeschwindigkeit $0,19 \dfrac{1,17 + \dfrac{1,17^2}{4}}{0,1 + \dfrac{0,1^2}{4}} = 2,85$ mal so groß als

bei 20 m. Da nun der Verstellwiderstand stets gleich bleibt, heißt das mit anderen Worten, daß der Regler in seiner untersten Lage bereits auf 0,35 des Absolutwertes der Geschwindigkeitsüberschreitung anspricht, die bei der höchsten seine Einwirkung veranlaßt. Ferner geht hieraus ohne weiteres hervor, daß, falls sich dies in der Praxis als notwendig herausgestellt hätte, die untere Reguliergrenze, die jetzt bei etwa 1,7 m Seilgeschwindigkeit liegt, bei reichlich genügender Verstellkraft noch bedeutend weiter, etwa auf 0,7 m heruntergezogen werden könnte.

Für die Zwecke des Sicherheitsapparates steht demnach der Fliehkraftregler keineswegs hinter dem hydraulischen zurück. Bei entsprechender Ausbildung der Ungleichförmigkeitskurve wird er ferner unter sonst gleichen Umständen bei größeren Geschwindigkeiten eine geringere Bremswirkung einleiten als bei kleineren, und damit eine bereits früher aufgestellte Forderung erfüllen. Es ist dazu nur erforderlich, wie dies übrigens auch stets geschieht, den Regler in seinen oberen Muffenlagen statischer zu gestalten als in den unteren.

Der auf der Grundlage der freibleibenden Anfahrt und des zwangläufigen Zusammenhanges zwischen Regler und Bremse aufgebaute Sicherheitsapparat — wobei die Frage, ob hydraulischer oder Fliehkraftregler von untergeordneter Bedeutung bleibt — stellt einen hohen Grad der Vollkommenheit dar. Er macht die damit ausgerüstete Dampffördermaschine hinsichtlich der Sicherung der Fahrt der elektrischen durchaus ebenbürtig. Der besondere Vorzug dieser zwangläufigen Regelung erhellt ferner noch aus der Erwägung, daß bei der Fördermaschine auch die Linie des freien Auslaufes keineswegs unveränderlich ist, sondern bei verringerter Last flacher verläuft. Demnach ist in diesem Falle die Dampfabsperrung, d. h. der Beginn des Auslaufes, an einen früheren Punkt zu verlegen. Berücksichtigt der Maschinist das nicht, so wird der Apparat, der ja nur für ein Normaldiagramm eingerichtet werden kann, bereits nahezu bei der Höchstgeschwindigkeit einfallen, ohne daß zunächst ein zwingender Grund dazu vorläge. Man kann hier einen gewissen Spielraum schaffen, der sich innerhalb nicht zu weit gesteckter Grenzen sehr wohl mit der Sicherheit des Betriebes verträgt, indem man für den Auslauf das Schutzdiagramm des Apparates nicht parallel, sondern etwas konvergent zu dem errechneten Normalfahrtdiagramm verlegt. Dabei wird der bereits mehrfach erwähnte Wert Δv (vergl. Abb. 18, 20) für die höheren Geschwindigkeiten etwa doppelt so groß gewählt als für die Hängebanknähe. Durch dieses Mittel kann in vielen Fällen ein überflüssiges Einwirken des Sicherheitsapparates verhindert werden, das bei der Gewichtsbauart wegen der Notwendigkeit, von Hand wieder einzuklinken und die Bremse zu lösen, als lästig empfunden wird. Bei dem zwangläufigen Verfahren verliert diese ganze Erwägung erheblich an Bedeutung, damit auch der praktische Zwang, auf Kosten der Empfindlichkeit in den oberen Lagen das Schutzdiagramm in der erwähnten Weise gegenüber dem theoretisch wünschenswerten zu verändern. Wirkt hier der Apparat ein, so geschieht das, ohne den Maschinisten auch nur nennenswert zu stören. Nur am leichten, bald wieder verschwindenden Schleifen der Bremse wird dieser den Eingriff überhaupt bemerken. Ein solcher Sicherheitsapparat paßt sich also den wechselnden Bedingungen und Erfordernissen des praktischen Betriebes vorzüglich an und kann, wie eine jahrelange Erfahrung an vielen Stellen gelehrt hat, nach einmaliger Einstellung unbedenklich in allen Gelenken so gegen Verstellung gesichert werden, daß jedes Ausschalten und jede Veränderung der einmal 'festgelegten Wirkungsweise unmöglich wird.

Daß die Sicherung der Beharrungsperiode lediglich bei negativen Lasten vermittels der stufenweise anzuziehenden Bremse, sonst aber lediglich durch Verändern der Maschinenfüllung zu bewirken ist, die bis auf Null verkleinerbar sein muß, wurde bereits erwähnt. Man kann hierfür, wie dies im Anfang viel geschah, einen zweiten, pseudoastatischen Regler vorsehen, dessen Muffe erst nach Erreichen der Höchstdrehzahl anspringt. Neuerdings wird die Aufgabe baulich einfacher meist derart gelöst, daß bei entsprechender Wahl der Übersetzung von dem Muffenhub des statischen Sicherheitsreglers in der oberen Lage ein kleiner Bruchteil — etwa $1/8$ bis $1/10$ — für die Verstellung der Steuerung von der normalen Anfahr- bis auf Nullfüllung ausgenutzt wird. Auf dieses kleine Stück kann der Regler praktisch als pseudoastatisch angesehen werden. Die Muffenbewegung wird auf den Schieber der Umsteuermaschine derart übertragen, daß, wie bei der Steuerung der elektrischen Fördermaschine, dem Maschinisten jederzeit die Möglichkeit bleibt, kleinere Füllungen einzustellen, als sie der Regler vorschreibt, und im besonderen den Steuerhebel ganz zurückzuziehen, sowie Gegendampf zu geben. Diese Forderung ist notwendig, damit der Mann auch bei plötzlichen Klemmungen oder Brüchen im Regler und dessen Gestänge die Gewalt über die Maschine nicht verliert.

Für die Seilfahrt ist natürlich eine zweite Retardierkurve einzuschalten, die zweckmäßig auch beim Einhängen von Lasten benutzt wird, und entsprechend dem veränderten Geschwindigkeitsdiagramm die gleichen Einwirkungen auf Bremse und Steuerhebel schon bei niedrigeren Seilgeschwindigkeiten auslöst. Da das aufzuwendende Maschinenmoment hier verschwindend klein oder gar negativ wird, kann ein derartiger Zug nur unter ständigem Wechsel von kurzen Triebdampfstößen mit Leerlauf- bzw. Gegendampfperioden gefahren werden, wobei der Steuerhebel ständig um seine Mittellage spielt. Eine Füllungsregelung für die Beharrungsperiode ist demnach hier wertlos. Damit ist natürlich der Zug keineswegs weniger durch den Apparat gesichert, da ja die Absperrung des Triebdampfes durch Zurückziehen des Steuerhebels in die Mittellage unter Belassung der Möglichkeit des Gegendampfgebens und das allmähliche Anziehen der Bremse voll und ganz bestehen bleiben. Ferner kann man auch bei einem Seilfahrtzuge nicht von einer Linie des freien Auslaufes sprechen. Dieser erfolgt vielmehr wegen der Notwendigkeit, besonders langsam und vorsichtig in die Hängebank einzufahren, zweckmäßig mit ständig abnehmender Verzögerung. Dementsprechend ist die Teufenkurve auszubilden, damit sie ihrerseits die gleiche Regelung des Auslaufes übernimmt, falls der Maschinist plötzlich versagen sollte. Auch die Seilfahrt wird demnach bei der Dampfförderung vom neuzeitlichen Sicherheitsapparat mit der gleichen Sicherheit beherrscht, die der elektrischen Fördermaschine nachgerühmt wird. Falls er nach dem zwangläufigen Regelverfahren arbeitet, gestattet er im übrigen ebenfalls die Vorführung des beliebten Paradestückchens, eine eingeleitete Fahrt ohne Zutun des Maschinisten selbsttätig zu Ende zu führen.

Die Frage der Verwirklichung des nach dem ersten Abschnitt voraus zu berechnenden Fahrtdiagrammes, die den Ausgangspunkt des zweiten Kapitels bildete, hat mit der Besprechung der Sicherheitsvorrichtungen gleichzeitig ihre Beantwortung gefunden. Es wurde gezeigt, daß dem Wesen der Dampffördermaschine eine Regelung des Kraftmomentes während der Anfahrt widerspricht, und daß die Innehaltung der Höchstgeschwindigkeit während der Beharrungsperiode durch einen Regler sicher zu stellen ist. Damit ist auch die folgende Fahrweise, die den Ableitungen des ersten Abschnittes zu Grunde gelegt wurde, als die natürlichste und einfachste erwiesen: Der Maschinist legt zu Fahrtbeginn seinen Hebel auf eine bestimmte, unveränderliche Anfahrfüllung aus. Ist die Höchstgeschwindigkeit erreicht, so übernimmt der Regler ohne Zutun des Mannes die weitere Beherrschung der Maschine, bis der Steuerhebel an einem bestimmten, durch Erfahrung bzw. Vorausberechnung festgelegten Punkte in die Mittellage zurückzuziehen ist — beim Versagen des Mannes übernimmt der Sicherheitsapparat diese Maß- nahmen —, die Maschine also dem freien Auslauf überlassen bleibt. Man sieht daraus, daß sich die Tätigkeit des Maschinisten bei einem normalen Lastenzuge, abgesehen vom Einsteuern in die Hängebank und dem nachfolgenden Umsetzen, stets auf die zwei gleichen, einfachen Handgriffe beschränkt, und daß damit sowohl eine wirtschaftliche Fahr- weise (Füllungsregelung) als auch die Erzielung günstiger Fahrdia- gramme unter voller Ausnutzung der Höchstgeschwindigkeit gesichert ist. Gerade der letzte Punkt ist unter dem Gesichtspunkt einer mög- lichsten Verkürzung der Fahrtdauer von Wichtigkeit.

Man hatte früher geglaubt, daß die Einführung der bequemen Dampf- steuerapparate allein dazu führen würde, eine richtige Fahrweise des Maschinisten zu sichern. Das ist jedoch ein Irrtum gewesen. Wenn der Mann die erreichte Höchstgeschwindigkeit während des ganzen Beharrungsabschnittes selbst einhalten soll, so muß er neben dem Teufenzeiger auch noch den Geschwindigkeitsmesser genau beobachten.

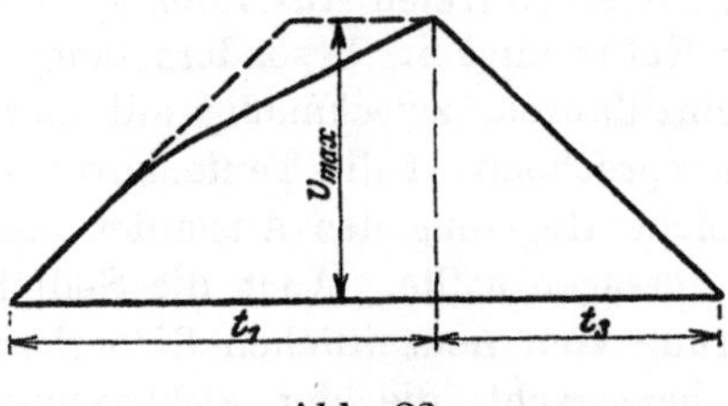

Abb. 23.

Bei unvollkommenem oder gar fehlendem Seilausgleich ist nun ein ständiges Verändern der Kraftzufuhr entsprechend dem sich fortwährend ändernden Lastmoment nötig. Daß zu einem derartigen Fahren ge- spannteste, auf die Dauer ermüdende Aufmerksamkeit und eine beim Durchschnittsmaschinisten nicht zu erwartende Geschicklichkeit gehören, liegt auf der Hand. Mit dem allein wirtschaftlichen Verändern der Füllung ist die Aufgabe besonders schwierig zu lösen, der Mann greift daher fast durchweg zu dem Mittel der Dampfdrosselung bei unver- änderter Füllung, das wegen seiner großen Selbstregelung gerade für diesen Zweck weit bequemer ist. Meist geht er sogar der ganzen Schwierigkeit der Regelung auf gleiche Drehzahl dadurch aus dem Wege, daß er, gemäß Abb. 23, die Beschleunigung in der zweiten Hälfte der An- fahrt durch Drosselung so weit verkleinert, daß auch bei den größten Teufen die Höchstgeschwindigkeit nur für einen Augenblick erreicht wird, der dann als Zeichen für den Beginn des Auslaufes gilt. Derartige Fahrt- diagramme, die sowohl auf unwirtschaftliche Fahrtweise als auch auf Zeitvergeudung hinweisen, sind in dem bereits erwähnten Bericht des

Versuchsausschusses (Forschungsarbeiten 110/111) zu mehreren veröffentlicht. Es ist demgegenüber zu betonen, daß allein die selbsttätige Füllungsregelung durch den Regulator diese Fehler, die aus mangelnder Geschicklichkeit oder Einsicht des Maschinisten hervorgehen, vollkommen ausschalten kann. Sie erleichtert dem Mann seine Arbeit ganz wesentlich und sichert, unabhängig von dessen gutem Willen, die Erzielung gleichmäßigen, günstigen Fahrtverlaufes.

Damit ist der folgerichtige Entwicklungsgang der Sicherheits- und Regelvorrichtungen, allerdings nur in einigen besonders wichtigen Punkten, kurz begründet. Daß nicht alle auf dem Markt befindlichen Bauarten trotz vielleicht gleicher theoretischer Grundlage praktisch gleichwertig sind, ist gewiß, ebenso aber auch, daß dem Käufer heute bereits eine Reihe vorzüglicher Lösungen zur Verfügung steht. Die in baulicher Hinsicht noch zu erreichenden Verbesserungen und Vereinfachungen werden um so eher gemacht werden, je mehr die weitere Entwicklung den Grundsatz „Weniger erfinden, mehr konstruieren!“ auch auf diesem Gebiete beherzigt und unfruchtbare Prioritäts- und Patentstreitigkeiten möglichst vermeidet.

Eine Besprechung der konstruktiven Seite liegt aus den bereits angeführten Gründen außerhalb des Rahmens dieser Arbeit, auf zwei dahin gehörende Gesichtspunkte soll aber noch kurz hingewiesen werden. Zunächst muß die Umschaltung von Lasten- auf Menschenförderung mit einem einzigen, bequemen Handgriff erfolgen können, der bei Seilfahrt gleichzeitig ein Schild mit der entsprechenden Aufschrift deutlich sichtbar erscheinen läßt. Zum zweiten ist von einem guten Sicherheitsapparat zu verlangen, daß bei einer Verstellung des Teufenzeigers die Retardierkurven selbsttätig mitverstellt werden. Besonders wichtig ist dies bei Treibscheibenmaschinen, die wegen des in kleinen Beträgen unvermeidlichen Seilrutsches ein oftmaliges Neueinstellen der Teufenzeigermuttern verlangen. Erfordert die gleichzeitig notwendige Verstellung der Kurven eine zweite Reihe von Handgriffen, so werden diese erfahrungsgemäß gern vom Maschinisten aus Bequemlichkeit unterlassen, so daß der Apparat für die Folge nicht mehr richtig arbeitet.

Von allzu einseitigen Verfechtern der Elektrizität wird heute noch gern der Einwand erhoben, ein neuzeitlicher Sicherheitsapaprat für Dampffördermaschinen sei dermaßen verwickelt, daß auf ein einwandfreies Arbeiten der vielen Mechanismen in der Stunde der Gefahr nicht mit Sicherheit gerechnet werden könne. Dieser Vorwurf hält einer sachlichen Prüfung um so weniger stand, als es sich doch lediglich um die für den heutigen Maschinenbau gewiß sehr leichte Aufgabe handelt, bei kleinen Geschwindigkeiten leichte Handkräfte in einfacher Weise zu schalten. Jede Werkzeugmaschine stellt in dieser Beziehung weit schwierigere Aufgaben, deren anstandslose Lösung als selbstverständlich gilt. Bei dieser Gelegenheit sei erwähnt, daß, wenn in einem bestimmten Fall die Anlage einer elektrischen Förderung als vorteilhaft erscheint, der Gesichtspunkt der betriebstechnischen Einfachheit eigentlich niemals dafür sprechen kann. Betrachtet man zunächst die Zentrale, so könnte eine als Vierzylindermaschine gedachte Primär-Dampfmaschine, die, wenn auch heute aus anderen Gründen kaum noch gebaut, doch hinsichtlich der Betriebssicherheit hinter Gasmaschine oder Turbine keinesfalls zurücksteht, durch verhältnismäßig geringfügige Änderungen bereits zu einer Fördermaschine in ihrer allerverwickeltsten Bauart umgestaltet werden. Alle weiteren Glieder hinter der Stromerzeugungsstätte würden dann fortfallen. Selbst wenn nun die betreffende Zeche den Strom aus einem fremden Netz bezieht, der Sorge um die Zentrale also zum Teil enthoben ist, so bleibt doch die Tatsache bestehen, daß zu jeder Hauptschacht-Fördermaschine der heute noch am weitesten verbreiteten Bauart — für kleine Haspel liegt die Sache selbstverständlich ganz anders — der besondere Ilgnerumformer gehört. Daß dieser meist in einem besonderen Raum untergebracht ist und mit der eigentlichen, gewiß sehr einfachen Fördermaschine nur durch unterirdisch verlegte Kabel gekuppelt ist, kann das Urteil des Laien gewiß trüben, ändert aber nichts an der Tatsache, daß die elektrische Förderung im ganzen genommen keineswegs einfach ist. Abgesehen von den vielen verwickelten elektrischen Einrichtungen, die natürlich ebensoviele Störungsquellen bedeuten, stellt die mit 100—140 m Umfangsgeschwindigkeit laufende schwere Schwungscheibe an die Sorgfalt der Konstruktion, die Güte von Baustoff und Herstellung sowie an die Beaufsichtigung ihrer, verwickelte Schmierungs- und Kühlungseinrichtungen erfordernden Lagerung die höchsten Anforderungen. Angesichts der Tatsachen wäre es töricht zu leugnen, daß diese Aufgabe von der heutigen Technik mit voller Sicherheit gelöst werden kann. Ebenso unsachlich wirkt es aber auch, wenn der Dampffördermaschine und ihren Sicherheits- und Regelvorrichtungen der am allerwenigsten begründete Vorwurf einer verwickelten Bauart und mangelnder Betriebssicherheit gemacht wird.

III. Der Dampfverbrauch der Fördermaschine.

1. Allgemeines.

Am auffälligsten, weil ohne weiteres in wirtschaftlichen Werten ausdrückbar, sind die großen Fortschritte, die der Dampffördermaschinenbau seit dem Einsetzen der um 1900 beginnenden großen Entwicklung in bezug auf Dampfersparnis gemacht hat. Einige wenige Zahlen, die aus der Fülle des in der Fachliteratur hierüber veröffentlichten Stoffes herausgegriffen sind, kennzeichnen diese Tatsache in schlagender Weise.

In seiner Arbeit „Versuche an Dampffördermaschinen" (Z. d. V. d. I. 1904) gibt Dr. Hoffmann den Verbrauch der Maschine mit Kulissensteuerung und seitlich liegenden Ventilkästen, wie sie bis zu Ende der 90 er Jahre fast ausschließlich das Feld beherrschte, mit 30—50 kg für die Schachtpferdekraftstunde an. Diese Zahlen werden bestätigt durch die im Glückauf 1906 erwähnten Versuche des Dampfkesselüberwachungsvereins Essen. Für neuere Maschinen mit Daumensteuerung hat Dr. Hoffmann in seiner erwähnten Abhandlung Werte von 20—25 kg als erreichbar bezeichnet, die dann später durch Versuche vom Überwachungsverein (Glückauf 1906) sowie vom Versuchsausschuß (Forschungsarbeiten Heft 110/111) bestätigt wurden. Berechtigtes Aufsehen erregte der 1906 vorgenommene Versuch an der, von der Friedrich-Wilhelmshütte, Mühlheim Ruhr, gebauten Zwillingstandemfördermaschine der Zeche Werne, der bei Kondensationsbetrieb und schwach überhitztem Frischdampf von 12,5 at. Überdruck das überraschend günstige Ergebnis von 11,73 kg für 1 Schacht PS/Std ergab. Es wurden dabei stündlich 31,2 Züge aus 738,5 m Teufe gemacht. (Glückauf 1907, Seite 33.)

Durch die neueren Fortschritte, die sich vor allem auf die Gebiete der Zylinderbauarten, Steuerungen und Regeleinrichtungen erstrecken, sind die vorstehenden Zahlen wieder ganz erheblich überholt, wie die nachstehende Tafel zeigt. Diese ist aus Versuchsergebnissen zusammengestellt, die an neuen, von der Gutehoffnungshütte Oberhausen gelieferten Fördermaschinen in jüngster Zeit gewonnen wurden.

6*

Art der Maschine	an der Maschine		Teufe m	Nutzlast für einen Zug	Zugzahl je Stunde	Schachtleistung PS	Dampfverbrauch für 1 Schacht PS/Std.	Bemerkungen
	Dampf dr. at.	Dampftemp. °Cels.						
Zwill. Tand. Maschine mit Treibscheibe. Kondensation	7,65	Sättigungstemp.	562,2	4990	41,5	431,2	11,61	[1]
Zwillings-Maschine mit Treibscheibe Auspuff	9,5	250	412	4800	30	223,3	12.68	[2]
Zwillings-Maschine mit Treibscheibe Auspuff	8,8	Sättigungstemp.	410,7	4760	33	239,1	14,7	[3]

Ein Blick auf diese Zusammenstellung zeigt, daß abgesehen von den durchweg geringen Teufen, in allen Fällen hinsichtlich Dampfspannung und Überhitzung ungünstige, der Neuzeit keineswegs entsprechende Verhältnisse vorlagen. Es liegt daher auf der Hand, daß die obigen Zahlen noch keineswegs den Mindestverbrauch kennzeichnen, den die an eine neuzeitliche Kesselanlage angeschlossene Fördermaschine erreichen kann.

Jedenfalls geht aber aus den angeführten Werten schon heute hervor, daß der Einheitsverbrauch gegenüber der Zeit vor 1900 auf etwa die Hälfte gesunken ist, und daß es sich um Ersparnisse von 15 kg Dampf und mehr für eine Schachtpferdekraftstunde handelt. Das bedeutet bei den Riesenziffern, die allein die deutsche Kohlenförderung heute erreicht hat, entsprechend große Gewinne an Dampf, Kesselanlagen, Bedienungsleuten und damit letzten Endes an Geld. Rechnet man mit einer durchschnittlichen Teufe von 500 m und dem üblichen Satz von 2.00 M. für eine Tonne Dampf, so ermäßigt eine Ersparnis von nur 15 kg für die Schachtpferdekraftstunde die Förderkosten um 5,5 Pfennig für jede Tonne geförderten Gutes. Für die Zeit nach dem Kriege wird ein Dampfpreis von 2 M. für die Tonne auch nicht annähernd aufrecht zu erhalten sein. Um so höher ist mithin für die Zukunft die erreichbare Verringerung der Selbstkosten seitens der Bergwerke zu bewerten, um so schärfer wird damit auch der Zwang zur Verwendung möglichst wirtschaftlich arbeitender Fördermaschinen. Die hinsichtlich des Dampfverbrauches gemachten Fortschritte sind zu verdanken der von berg-

---

[1] Gemessen vom Dampfkesselüberwachungsverein Essen. (Glückauf 1913, Heft 34).

[2] Gemessen vom Dampfkesselüberwachungsverein Essen. (Glückauf 1915, Heft 32).

[3] Gemessen von der Harpener Bergbau A.-G. 1915. (Technische Mitteilungen des Ruhrbezirkvereins 1916, Seite 119).

männischer Seite erfolgten Einführung von Treibscheibe und Unterseil, ferner der Anwendung hochgespannten Heißdampfes, vor allem aber der baulichen Weiterbildung der eigentlichen Fördermaschine. Weitgehende Umgestaltung veralteter Einzelheiten, eingehende Berücksichtigung der wärmetheoretischen Grundlagen neuzeitlichen Dampfmaschinenbaues unter Beachtung der Eigenheiten des Förderbetriebes, schließlich die Vervollkommnung der Steuerungen und Regeleinrichtungen haben an den überschläglich errechneten 5,5 Pfennigen Ersparnis für jede geförderte Tonne den größten Anteil.

Wohl zum ersten Male ist von Dr. Meyer in seiner sehr wertvollen Studie über den Energieverbrauch von Umkehranlagen (Bericht der Walzwerkskommission, Stahl und Eisen 1915, S. 4 u. f.) auf die große Unzuträglichkeit hingewiesen, die in dem üblichen Beziehen des Dampfverbrauches auf die in gehobenem Fördergut gemessene Nutzleistung liegt. Damit wird, wie Dr. Meyer in seinen Ausführungen, auf die auch hier besonders hingewiesen sei, ausführlich auseinandersetzt, der in seinem Ausmaß so sehr unbestimmte Betrag der Schachtreibung ohne weiteres der Maschine zur Last gelegt. Eine zahlenmäßige Feststellung dieses Verlustes, der mit dem Antrieb gar nichts zu tun hat, findet bei den heute üblichen Abnahmeversuchen überhaupt nicht statt. Die Angaben über die Größe dieser mechanischen Verluste außerhalb der Fördermaschine schwanken in den Grenzen 10—26 v. H. der reinen Nutzleistung, also innerhalb eines Spielraumes von $\pm$ 8 v. H. vom Mittelwert. Ausdrücklich ist dabei erwähnt, daß bei krummen Schächten, großen Wettergeschwindigkeiten und schlechtem Zustand der Korbführungen tatsächlich noch größere Verluste als 26 v. H. der Nutzleistung festgestellt sind.

Während nun in den Lieferungsverträgen sehr oft eine Überschreitung des spezifischen Schachtleistungsverbrauches um 0,5 kg unter Strafe gestellt wird, also eines Betrages, der 3—4 v. H. einer Schachtpferdekraftstunde entspricht, kann bei der Vorausbestimmung der erforderlichen effektiven Maschinenleistung noch ein Fehler von 8 v. H. und mehr gemacht sein. Dieser widersinnige Zustand zwingt natürlich die liefernde Firma dazu, von vornherein bei der Abgabe ihrer Gewährleistungszahlen erhebliche Sicherheitszuschläge vorzusehen. Mag auch für den Bergmann letzten Endes nur die Kenntnis des auf die reine Nutzbarkeit bezogenen Dampfverbrauches von Wert sein, und der Lieferer sich durch die erwähnten Sicherheitszuschläge vor unliebsamen Überraschungen schützen können, so ist es doch für beide Teile von besonderem Wert, die Zerlegung des Gesamtverbrauches in seine einzelnen Glieder zu kennen. Nur durch eine solche Trennung kann ein zuverlässiger Maßstab für die Güte einerseits der Maschine, zum anderen der ganzen Förderanlage gewonnen werden. Besonders wichtig ist diese Frage für die Beurteilung des Verbrauches bei der Seilfahrt und dem Einhängen von Lasten, weil hier der Einfluß der Schachtreibung verhältnismäßig sehr groß ist und diese zusammen mit den Maschinenwiderständen bei ausgeglichener Fahrt die gesamte im Zylinder geleistete Arbeit darstellt.

Dr. Meyer schlägt daher vor, den Verbrauch stets auf die effektive Mittelleistung der Maschine zu beziehen, die Widerstände der eigentlichen Förderung also auszuschalten. Zweifellos wäre dies durchaus richtig, nur wird es leider beim Dampfantrieb nicht möglich sein, die Schachtreibung getrennt festzustellen. Die neuen Arbeitszähler von Böttcher, sowie Lehmann und Michels, die sich gut eingeführt zu haben scheinen (vergl. Gramberg, Technische Messungen, 3. Aufl. Springer 1914), eignen sich zweifelsohne vorzüglich gerade zur Untersuchung von Fördermaschinen. Werden während der gesamten Versuchsdauer derartige Zähler an sämtliche Zylinderseiten angeschlossen, so kann damit ohne weiteres die gesamte indizierte Arbeit festgestellt werden. Vermindert um den Betrag der bekannten reinen Nutzbarkeit liefert dieser Wert dann die zur Überwindung der gesamten Reibungswiderstände aufgewandte Arbeit, die sich aus den Verlusten der eigentlichen Förderung und dem mechanischen Widerstand der Maschine zusammensetzt. Man könnte auch die Messung mit dem Arbeitszähler auf etwa 10 Züge beschränken, die mit ausgewogener Nutzlast, dem normalen Geschwindigkeitsdiagramm und freiem Auslauf ohne Gegendampf gefahren werden. Daraus würde sich mit praktisch genügender Genauigkeit ein Mittelwert für die Reibungsarbeit eines Zuges errechnen lassen. Die Summe aus der reinen Nutzarbeit und dem auf die gesamte Zugzahl bezogenen Reibungsverlust liefert dann die gesamte, in den Zylindern indizierte Arbeit. Leider ist nun eine Trennung des Verlustes in die auf Förderung und Maschine entfallenden Beträge nicht möglich, da die effektive Wellenleistung nicht festzustellen ist. Das Indizieren der leerlaufenden Maschine verbietet sich, weil das Seil zu diesem Zwecke abgelegt werden müßte. Diese Messung nun unmittelbar im Anschluß an die Aufstellung der Maschine vorzunehmen, also bevor das Seil überhaupt aufgelegt ist, erscheint ebenfalls untunlich, denn sämtliche Gleitflächen sind dann noch nicht eingelaufen. Selbstverständlich müßte, nebenbei bemerkt, diese Feststellung auch mit dem Arbeitszähler erfolgen, da das Indizieren bei unveränderter Drehzahl keinen unmittelbaren Maßstab für die mit stets wechselnder Geschwindigkeit arbeitende Fördermaschine liefert. Schließlich ist daran zu erinnern, daß ein derartiger Versuch, der an die Sorgfalt des Messenden und die Genauigkeit der Instrumente die höchsten Anforderungen stellt, nur Aufschlüsse über die Leerlaufsverluste liefert, die Frage nach der zusätzlichen Reibung also offen läßt. Nach allem ist also die an und für sich wünschenswerte Feststellung der reinen Schachtreibungsverluste, wenigstens mit den heutigen Hilfsmitteln, leider unmöglich. Man könnte nur die Eigenreibung der Maschine nach den an durchlaufenden Maschinen ermittelten Formeln (vergl. Hütte, 22. Aufl., Bd. II, S. 140) errechnen, wobei dann allerdings die Frage offen bleiben muß, wie weit damit die besonderen Betriebsverhältnisse der Fördermaschine richtig erfaßt sind. Allerdings könnte dies, wenigstens was den Leerlaufwiderstand angeht, durch planmäßige Versuche festgestellt werden, die an eingelaufenen Maschinen in der Zeit des Seilwechsels vorzunehmen wären.

Glücklicherweise liegen ja nun die Verhältnisse so, daß sich bei neuzeitlichen Maschinen mit gleichen Abmessungen, gleichviel welcher Herkunft, die Reibungswiderstände praktisch kaum unterscheiden. In bezug auf die bauliche Durchbildung der einzelnen Teile, die Auswahl der Baustoffe und die Bemessung der Tragflächen herrscht so weitgehende Übereinstimmung, daß die Abweichungen im Wirkungsgrad praktisch verschwinden. Selbstverständlich ist dabei vorausgesetzt, daß die verglichenen Maschinen richtig montiert und gewartet sind. Daß dann die vorstehende Behauptung zutrifft, geht aus den zahlreichen, von durchlaufenden Betriebsdampfmaschinen, Kompressoren und Gebläsen veröffentlichten Versuchsergebnissen hervor. Die Aufstellung der erwähnten Formeln für den Leerlaufswiderstand ist ja auch nur durch diese praktisch erwiesene Tatsache möglich geworden. Als ausgeschlossen muß es jedenfalls gelten, daß eine Maschine, die gegenüber anderen infolge schlechter Steuerung, undichter Kolben oder thermisch ungünstiger Durchbildung der Zylinder für die Ps_i/Stunde einen höheren Dampfverbrauch aufweist, diesen Nachteil durch einen höheren mechanischen Wirkungsgrad in irgendwie nennenswerter Weise ausgleichen kann. Sofern nun eine Besichtigung der Lagerflächen und des Zylinderinneren einen einwandfreien Zustand der Teile ergibt, kein Lager Zeichen eines starken Verschleißes zeigt oder zum Heißlaufen neigt, schließlich die Kolben nicht brummen, was leicht durch Abhorchen festzustellen ist, kann mit Sicherheit angenommen werden, daß innerhalb eines praktisch bedeutungslosen Spielraumes die Reibungswiderstände der Maschine den nach dem heutigen Stand der Technik erreichbaren Mindestwert besitzen. Dabei kann die Frage nach dessen genauer zahlenmäßiger Größe ruhig offen bleiben.

Für die Größe der Schachtreibung besteht diese Übereinstimmung bei verschiedenen Förderanlagen auch nicht annähernd, wie bereits die weit voneinander abweichenden Angaben der verschiedenen Formeln zeigen. Während zudem bei einer Maschine ein nennenswert verschlechterter mechanischer Wirkungsgrad dem Fachmann schon äußerlich sofort wahrnehmbar wird, ist dies bei der Förderanlage keineswegs der Fall. Ein besonders starker Verschleiß wird, da es sich bei den Korbführungen um rohe, unbearbeitete Teile handelt, kaum auffallen, und der große Einfluß hoher Korb- und Wettergeschwindigkeiten tritt überhaupt nur durch eine Vergrößerung der Maschinenfüllung in die Erscheinung.

Demnach ist es. für die Feststellung der Güte einer Maschine unter den heutigen Verhältnissen am richtigsten, den Verbrauch für die indizierte Mittelleistung zu gewährleisten und zu messen. Sobald natürlich ein Weg zur Feststellung der effektiven Mittelleistung gefunden ist, würde selbstverständlich auf den grundsätzlich richtigeren Vorschlag von Dr. Meyer, als Bezugseinheit diese zu wählen, zurückzugreifen sein.

Es wäre sehr zu begrüßen, wenn diese Frage von einem gemischten Ausschuß in gleicher Weise geklärt und durch Festlegung allgemein

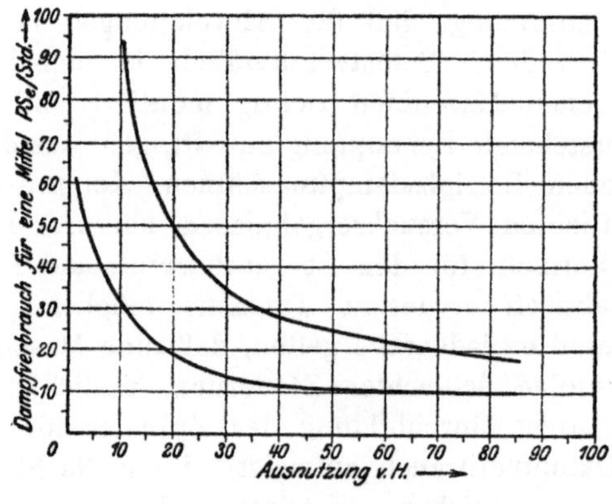

Abb. 24.

bindender Grundsätze entschieden würde, wie es beispielsweise für die Leistungsversuche an Kompressoren und Ventilatoren geschehen ist. Von dieser Seite könnte auch die vorher bereits angeregte planmäßige Feststellung des Leerlaufwiderstandes an den verschiedensten, jedoch mechanisch in einwandfreiem Zustande befindlichen Maschinen vorgenommen werden. Damit würden sich dann Formeln ergeben, die innerhalb praktisch zulässiger Grenzen die zahlenmäßige Festlegung dieses Verlustes und damit eine Umrechnung der gefundenen indizierten auf die effektive Mittelleistung erlauben.

Um die Veränderlichkeit des Dampfverbrauches mit der Belastung der Förderanlage darzustellen, hat Dr. Meyer aus einer Reihe von veröffentlichten Verbrauchsmessungen unter Annahme eines unveränderlichen Wirkungsgrades der Förderanlage von 85 v. H. den jeweiligen Dampfverbrauch für die effektive Stundenmittelleistung errechnet und

in Abhängigkeit von der Ausnutzungsziffer aufgetragen. Als diese ist
„das Verhältnis der jeweiligen stündlichen Förderleistung zu der überhaupt erreichbaren — dichteste Zugfolge, normale Nutzlast, größte
Teufe" — eingesetzt. Die auf diese Weise gefundenen Werte ließen
ein klares Gesetz nicht erkennen. Höchstens konnte gesagt werden,
daß sie sämtlich innerhalb des von den beiden Kurven der Abb. 24[1])
eingeschlossenen Streifens lägen. Sofern man die Ordinaten mit $\frac{1}{0,85}$
multipliziert, würden die Kurven den auf die Schachtpferdekraftstunde
bezogenen Dampfverbrauch einschließen.

Der scheinbare Mangel einer Gesetzmäßigkeit ist wohl in erster
Linie darauf zurückzuführen, daß die mangels genauer Unterlagen
gewählte Darstellung in ihren theoretischen Grundlagen nicht einwandfrei ist und daher nicht genügt, um einen klaren Einblick in die
Verhältnisse zu gewähren. Die Annahme eines mit der Ausnutzung
unveränderlichen Wirkungsgrades ist nämlich willkürlich und entspricht,
wie ohne weiteres einleuchtet, der Wirklichkeit im allgemeinen keineswegs. Es ist auch durchaus nicht der Fall, daß eine niedrige Ausnutzungsziffer ohne weiteres einen schlechten Wirkungsgrad bedingt.
Dieser kann vielmehr auch bei der geringsten Ausnutzung der Förderanlage je nach dem besonderen Belastungsfall jeden Wert zwischen Null
und dem erreichbaren Höchstbetrag annehmen. Da demnach die Ausnutzung allein keinen ausreichenden Maßstab für die Beurteilung des
auf die effektive oder die Schachtleistung bezogenen Dampfverbrauches
bildet, dieser vielmehr noch von einer zweiten Veränderlichen, dem
Wirkungsgrade abhängt, kann er auch niemals durch eine Kurve, sondern
nur durch eine Fläche abgebildet werden.

Die Meyersche Darstellung ist dagegen richtig, sofern als Bezugseinheit die indizierte Mittelleistung der Maschine gewählt wird, weil
hier natürlich der Einfluß des Wirkungsgrades herausfällt. Solange
die bereits erwähnte Unmöglichkeit, die effektive Maschinenleistung
zu messen, fortbesteht, hat meines Erachtens auch die Abbildung des
Verbrauches für diese nur beschränkten Wert. Lehrreich und besonders wichtig für die Festlegung des Jahresverbrauches ist dagegen
die Fläche, die den Dampfverbrauch der Schachtpferdekraftstunde in
Abhängigkeit von Ausnutzung und Wirkungsgrad darstellt. Hier dessen
Veränderlichkeit zu vernachlässigen, würde zu ganz erheblichen Irr-
tümern führen, da in diesem Falle außer dem Einfluß der Maschinen-
eigenreibung noch der beträchtliche Schachtwiderstand zu berücksichtigen ist. Diese beiden verlorenen Arbeiten, die für alle Belastungsfälle
praktisch als gleich groß angesehen werden können, machen zusammen

---

[1]) Entnommen aus Stahl und Eisen 1915. Seite 42.

bei ausgeglichener Seilfahrt 100 v. H. der indizierten Maschinenleistung aus gegen etwa 20 v. H. bei voller Belastung. Im Gegensatz zu der Meyerschen Festlegung, die allerdings zunächst die natürlichere zu sein scheint, ist es aus später noch auseinanderzusetzenden Gründen zweckmäßiger, als Ausnutzungsziffer das Verhältnis der indizierten Stundenarbeiten bei der jeweiligen und bei der höchsten Belastung der Anlage zu bezeichnen. Da ohnedies die indizierte Arbeit zur Festlegung des Wirkungsgrades bekannt sein muß, führt diese Neuerung zu keinen praktischen Schwierigkeiten.

Bezeichnet:

A_1 die Nutz-(Schacht-)Arbeit eines Zuges bei der normalen Nutzlast bzw. Teufe, für die die Anlage berechnet ist.

A   die aus dem Stundendurchschnitt bestimmte Nutzarbeit eines Zuges für den betrachteten Belastungsfall.

a   die mit dem Arbeitszähler ermittelte gesamte Reibungsarbeit eines Zuges, die praktisch von der Ausnutzung unabhängig ist, da einerseits der Einfluß der toten Gewichte gegenüber dem der Nutzlast, zum anderen die Größe der Leerlaufsreibung der Maschine gegenüber der der zusätzlichen Reibung bei weitem überwiegt.

z_1, z die größtmögliche, bzw. die jeweilige Zugzahl in der Stunde.

m   die Ausnutzungsziffer.

η den Gesamtwirkungsgrad.

so ergibt sich ohne weiteres:

$$m = \frac{z\,(A+a)}{z_1\,(A_1+a)}; \qquad \eta = \frac{A}{A+a} \qquad\qquad 68),\ 69);$$

Für das schon wiederholt herangezogene Beispiel der Achtwagenförderung aus 750 m Teufe sei gegeben, bzw. durch Versuch gefunden:

$$A_1 = 6000.750; \quad a = 1500.750; \quad z_1 = 35.$$

Der Wirkungsgrad der gesamten Förderanlage ergibt sich daher bei voller Ausnutzung zu $\dfrac{6000}{6000+1500} = 0{,}8$.

Es werden jetzt folgende zwei Belastungsfälle verglichen:

1. Seilfahrt mit überwiegend ausgeglichener Belastung beider Körbe, derart, daß sich im Durchschnitt A zu 200 . 750 und z = 20 ergibt. (Verhältnisse einer durchschnittlichen Mittagsseilfahrt.)

2. Eine stark unterbrochene Förderung mit normaler Nutzlast, also A = 6000 . 750 und z = 4,5. Eine derartige Belastung tritt oft bei ausziehenden Schächten auf, die zur regelmäßigen Förderung meist nicht herangezogen werden.

Es ergibt sich dann die Ausnutzungsziffer

$$m = \frac{20\ (200+1500)\,750}{35\ (6000+1500)\,750} = 0{,}13 \text{ für Fall 1.}$$

$$m = \frac{4,5}{35} \frac{(6000 + 1500)\,750}{(6000 + 1500)\,750} = 0,13 \text{ für Fall 2.}$$

und der Wirkungsgrad:

$$\eta = \frac{200}{200 + 1500} = 0,118 \text{ für Fall 1.}$$

$$\eta = \frac{6000}{6000 + 1500} = 0,8 \text{ für Fall 2.}$$

In beiden Fällen sind also die Ausnutzungsziffern, damit auch die stündlich in der Maschine indizierten Arbeiten gleich. Der Wirkungsgrad, also auch die Stundennutzarbeit ist jedoch im zweiten Falle rund siebenmal so groß als im ersten. Bei sonst gleichen Grundlagen müssen daher auch die auf die Schachtpferdekraftstunde bezogenen Dampfverbrauche im gleichen Verhältnis 7:1 stehen.

Abb. 25 zeigt die erwähnte Dampfverbrauchsfläche. Für Punkt A, der einer Ausnutzung von 100 v. H. und dem Höchstwert 80 v. H. des Wirkungsgrades entspricht, ist ein Stundenverbrauch von 10 kg für eine Schachtpferdestärke angenommen. Dieser Wert ist nach den früheren Ausführungen für eine gute, mit hochüberhitztem Dampf betriebene Fördermaschine mit Sicherheit zu erreichen. Die durch Rechnung ohne weiteres zu findende Kurve A—B gibt an, wie der Einheitsverbrauch bei gleichbleibender höchster Ausnutzung, aber fallendem Wirkungsgrad (größerem „a" als angenommen) steigen würde. Eine vollkommene Maschine müßte nun jede beliebige in der Stunde indizierte Arbeit mit stets gleichem Dampfverbrauch für 1 mkg leisten, bei unverändert bleibendem Gesamtwirkungsgrad also auch jeden möglichen Wert der stündlichen Nutzarbeit. Die Gerade A T kennzeichnet daher den unveränderlichen Stundenverbrauch für eine Schacht-PS/Std der vollkommenen Anlage bei 80 v. H. Wirkungsgrad und beliebiger Ausnutzung zwischen 0 und 100 v. H. Entsprechend würden die durch die Punkte 0, Q und J mit den Ordinaten 16,26, 7 und 68 kg parallel zur X Z Ebene gezogenen Wagerechten zu 50, 30 und 11,8 v. H. Wirkungsgrad gehören. Infolge der unvermeidlichen Verluste, deren Hauptquellen einerseits die Undichtheiten, zum anderen der mit der Ausnutzung abnehmende thermodynamische Wirkungsgrad der Maschine bilden, wird dieser vollkommene Zustand natürlich nicht erreicht, vielmehr steigt der Verbrauch der PSi/ Stunde mit der Verschlechterung der Ausnutzungsziffer nach einem bestimmten Gesetz, das einwandfrei nur durch Versuche festzustellen ist und sich durch eine Kurve darstellen läßt. Multipliziert man deren Ordinaten mit dem reciproken Werte eines beliebigen Wirkungsgrades, so liefert die damit abgeleitete neue Kurve die Veränderlichkeit des Stundenverbrauches einer Schachtpferdekraftstunde mit der Ausnutzung bei eben diesem Wirkungsgrade. So gilt Kurve A S für 80, O P für 50, Q R für 30 und J U für 11,8 v. H. Wirkungsgrad.

Durch jeden Punkt von A S läßt sich nun wieder eine zweite Kurve legen, deren Ordinaten ohne weiteres errechnet werden können und

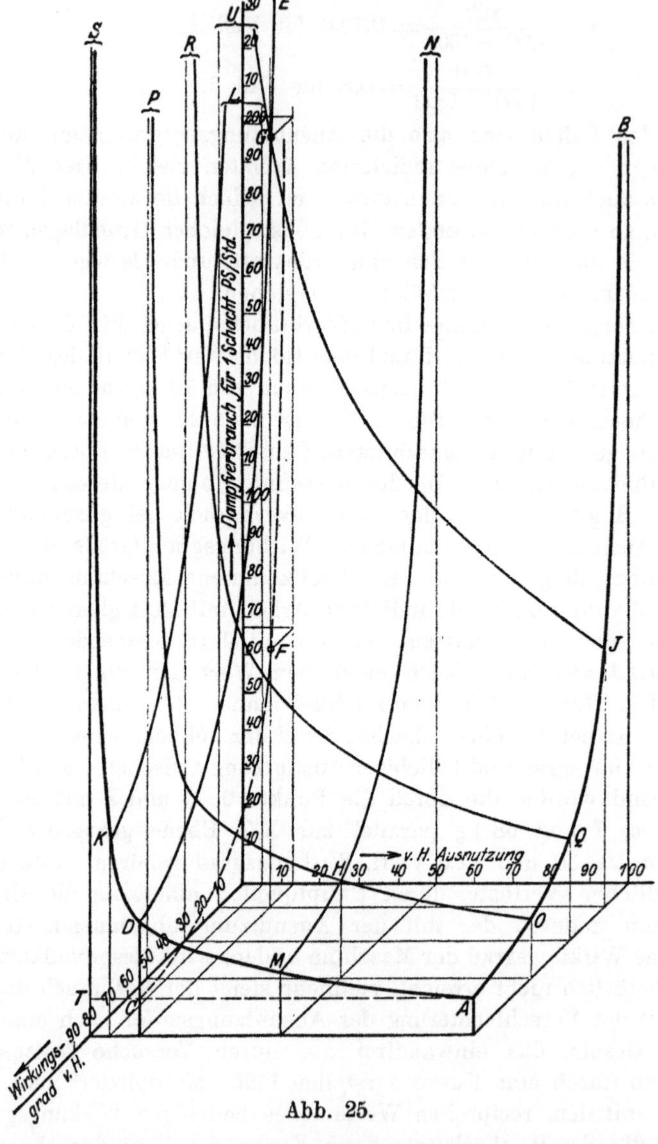

Abb. 25.

die für die betreffende Ausnutzungsziffer wieder das Ansteigen des Dampfverbrauches mit abnehmendem Wirkungsgrade zeigt, z. B. M N für „m" = 50, D E für „m" = 13, K L für „m" = 5 v. H. Die Gesamtheit aller Kurven bildet die Dampfverbrauchsfläche, deren einzelne Punkte den Stundenverbrauch für ein Schacht PS für alle diejenigen Belastungsfälle kennzeichnen, die positive Werte für „m“ und „η“ ergeben, z. B. Punkt H für „η“ = 50 v. H. und „m“ = 50 v. H. Aus dem vorstehenden geht hervor, daß die Fläche durch η_{max} und A S vollständig bestimmt ist.

Nun liegen im Fördermaschinenbetrieb die Verhältnisse so, daß im großen und ganzen für den Verlauf von A S zwei verschiedene Fälle — bzw. deren gleichzeitiges Zusammentreffen — zu berücksichtigen sind. Der eine wird durch die Verkleinerung der indizierten Einzelarbeit eines jeden Zuges, d. h. also der Nutzlast bei ganz oder nahezu unveränderter Zugzahl gekennzeichnet. Die Seilfahrt, bei der die Reibungsverluste den überwiegenden oder gar den ganzen Betrag der indizierten Arbeit darstellen, gehört z. B. als Grenzfall hierher. Die Erhebung von A S über die Gerade A T der vollkommenen Maschine hat hier als Hauptursachen: das starke Anwachsen der Austauschverluste bei den kleinen Maschinenfüllungen, die Vernichtung bereits geleisteter Arbeit infolge Schleifenbildung im Diagramm, bei Seilfahrt schließlich das zur Erreichung gleichmäßiger Drehmomente und der sicheren Beherrschung der Geschwindigkeit unvermeidliche Drosseln des Frischdampfes und das zeitweise leichte Gegendampfgeben.

Der zweite Fall liegt vor, beispielsweise bei dem an zweiter Stelle genannten Zahlenbeispiel, wenn die Stundenzugzahl erheblich sinkt, ohne daß sich die Nutzlast der einzelnen Fahrt und damit „η“ nennenswert ändert. Hier ist A S durch die Abkühlungs- und Undichtheitsverluste in den langen Förderpausen bedingt. Die Kurve hat dann notwendigerweise einen anderen Verlauf als im ersten Falle und wird bei guten Maschinen und vor Wärmeverlusten geschützten Rohrleitungen flacher verlaufen als dort. Bezüglich der Undichtheiten ist daran zu erinnern, daß die Hintereinanderschaltung von Fahrventil, sowie Ein- und Auslaßorgan des Zylinders einen dreifachen Abschluß bildet, von dem bei richtiger baulicher Durchbildung und sachgemäßer Werkstattausführung eine praktisch vollkommene Dichtheit vorausgesetzt werden darf. Die weiteren Verluste, bedingt durch den Wärmeübergang der stillstehenden Maschine an die Luft des Maschinenhauses lassen sich durch die folgende überschlägliche Rechnung einigermaßen zahlenmäßig erfassen:

Bezeichnungen:

δ_1, δ_2 die Wandstärken des wärmeabgebenden Eisenkörpers, bzw. der Wärmeschutzmasse,

α_1, α_2 die Wärmeübergangszahlen zwischen Eisen und Schutzmasse, bzw. Schutzmasse und Außenluft,

λ_1, λ_2 die Wärmeleitziffern von Eisen und Schutzmasse,

t_1, t_2 die Temperaturen von Eisenmasse, bzw. Außenluft,

c mittlere spezifische Wärme des Eisens zwischen 0 und t_1.

Die Wärmedurchgangszahl, d. h. die für 1 qm Oberfläche bei $t_1 - t_2$ $= 1^0$ von der Eisenmasse an die Außenluft abgegebene Wärmemenge ist damit:

$$k = \frac{1}{\frac{1}{\alpha_1} + \frac{1}{\alpha_2} + \frac{\delta_1}{2\lambda_1} + \frac{\delta_2}{\lambda_2}}$$

Für Zylinder und Deckel, d. h. die Teile, die den Mittelwert der wechselnden Temperatur des Arbeitsdampfes annehmen, sei $t_1 = 175^0$, $\delta_1 = 0,05$ m, $\delta_2 = 0,075$ m, $\lambda_1 = 56$, λ_2 $(175^0) = 0,09$ (nach Hütte, 22. Aufl., Bd. I, S. 385) $\alpha_2 = 5,7$ (nach den Versuchen von Eberle, Z. d. V. d. I. 1908, S. 573), $\alpha_1 = \infty$, $\frac{1}{\alpha_1} = 0$, (vgl. Z. d. V. d. I. 1910, S. 551).

Mit diesen Zahlenwerten würde sich $k = \sim 1$ ergeben. Ein Quadratmeter Eisenoberfläche würde mithin 1. $(175 - 25) = 150$ WE in der Stunde verlieren. Das Gewicht der zugehörigen Eisenmasse beträgt bei 50 mm Wandstärke 365 kg, die spezifische Wärme des Eisens zwischen 0 und 175^0 0,12. Die in einer Stunde abgegebenen 150 Wärmeeinheiten vermindern mithin die Temperatur des Zylinders um

$$\frac{150}{365.0,12} = 3,4^0.$$

Dabei ist der schützende Einfluß noch nicht berücksichtigt, den die ruhende Luftschicht zwischen Wärmeschutzmasse und Blechmantel des Zylinders ausübt. Dieser bleibe jedoch vollständig außer Ansatz mit Rücksicht auf die bei knapper Bemessung der Berührungsflächen allerdings sehr geringfügigen Verluste durch direkte Wärmeableitung zu den, an die Zylinder anschließenden Maschinenteilen.

Für die Frischdampfleitung zwischen Fahr- und Einlaßventil der Maschine sei $t_1 = 300^0$, $t_2 = 40^0$ (Rohrleitungskeller) $\lambda_2 = 0,1$ (300^0) c = 0,125. Die durchschnittliche Wandstärke δ_1 wird unter Berücksichtigung der Flanschen und Formstücke 0,015 m betragen. Für α_1, α_2, λ_1 und δ_2 werden wieder die früheren Werte eingesetzt.

Mit diesen Zahlen wird auch hier $k = \sim 1$, und die stündlich für 1 qm Eisenoberfläche abgegebene Wärme ergibt sich zu 1. $(300 - 40) = 260$ WE. Bei 15 mm Wandstärke ist das zugehörige Eisengewicht 115 kg und der

Temperaturabfall der Eisenmasse $\dfrac{260}{115.0,125} = 18^0.$

Ausdrücklich sei dabei auf die Wichtigkeit der Auswahl eines guten Wärmeschutzmittels, sowie der Umhüllung der Flanschen hingewiesen. Aus den Versuchszahlen des erwähnten Berichtes von Eberle geht klar hervor, wie sehr sich die verschiedenen, auf dem Markt erschienenen

Isoliermittel in ihrer Wertigkeit unterscheiden und welch großen Gewinn ferner die Isolierung der Flanschen bringt.

Zusammenfassend läßt sich sagen, daß während eines Stillstandes von einer Stunde die Zylinder einer mit Auspuff und 300° Heißdampf betriebenen, vorzüglich umhüllten Fördermaschine sich um etwa 3—4°, die leeren Frischdampfleitungen um etwa 15—20° abkühlen werden. Der Wärmeverlust ist mithin nicht groß. Die Kurve A S wird also, sofern die Veränderung der Ausnutzungsziffer nur durch die Verkleinerung der Zugzahl bei gleichbleibender Einzellast bedingt wird, sich innerhalb eines weiten Bereiches, von 100 v. H. Ausnutzung nach unten gerechnet, eng an die Wagerechte A T der idealen Maschine anschmiegen. Mit anderen Worten heißt das, die Zugzahl besitzt nicht die Bedeutung für den Dampfverbrauch, wie vielfach vermutet wird. Vom Standpunkt der Fördermaschine aus ist es mithin richtiger, eine geringe Fördermenge auf wenige Züge mit voller Nutzlast und nicht auf deren viele mit geringerer Einzellast zu verteilen.

Um alle Möglichkeiten zu erfassen, wären für eine Anlage zwei Kurven A S und damit zwei Flächen aufzustellen. Liegt ein Belastungsfall seiner Natur nach zwischen den beiden Annahmen, z. B. einzelne Seilfahrtszüge mit langen Zwischenpausen, wie sie bei ausziehenden Schächten während der Nachtschicht vorkommen, so wird man den betreffenden Fall in beiden Flächen aufsuchen und zwischen den zwei Werten vermitteln.

Die Flächen bilden ein wertvolles Mittel, um den Verbrauch einer Förderanlage, den man oft zu einseitig unter dem Gesichtspunkt der flotten Lastenförderung betrachtet, für die verschiedenen Belastungszeiten übersichtlich darzustellen, die in ihrer Gesamtheit den Tages- bzw. Jahresverbrauch bedingen. Sie ermöglichen es, die gesamte Wirtschaftlichkeit aus der der einzelnen Abschnitte zusammenzusetzen und werden auch besonderen Wert haben, wenn die weitere Entwicklung dahin führen sollte, daß die Gewährleistungsziffern sich nicht allein auf die Verhältnisse der Hauptförderschicht beschränken, sondern sich noch auf Seilfahrt und stockende Förderung ausdehnen.

Ihre Aufstellung für eine bestimmte Anlage verlangt wegen Fehlens einwandfreier Rechnungsgrundlagen unbedingt eine Reihe von Einzelversuchen, bietet aber grundsätzlich keine Schwierigkeiten. Mißt man zunächst den Einheitsverbrauch für verschiedene Zugzahlen bei stets gleich bleibender normaler Nutzlast, so erhält man ohne weiteres die an zweiter Stelle erwähnte Kurve A S. Die Feststellung der indizierten Arbeit mit dem Zähler liefert im Verein mit der bekannten Schachtarbeit für diese Versuchsreihe die jeweiligen Wirkungsgrade, die praktisch kaum voneinander abweichen werden. Damit läßt sich der weitere Verlauf dieser Fläche leicht rechnerisch und zeichnerisch festlegen.

Die Ermittlung der zweiten setzt eine Reihe von Messungen bei ununterbrochener Förderung, aber verschiedenen Nutzlasten voraus. Die Untersuchung der Seilfahrt ist hier einzuschließen. Der Wirkungsgrad wird hierbei ständig abnehmen, läßt sich aber auch jedesmal in der angegebenen Weise bestimmen. Man erhält so eine Reihe von Punkten, die nicht sämtlich in einer zu den X Z Axen parallelen Ebene, sondern beispielsweise auf den Kurven A B, M N, D E oder K L liegen. Aus den gefundenen Werten für Verbrauch und Wirkungsgrad sowie den zugehörigen Ausnutzungsziffern kann man ohne weiteres rückwärts A S und den Gesamtverlauf der Fläche finden. In Abb. 25, die nur das Wesen der Sache zeigen soll, ohne daß die entscheidende Kurve A S irgendwie Anspruch auf zahlenmäßige Richtigkeit erhebt, ist der Einfachheit halber vorausgesetzt, daß der gewählte Verlauf für jeden der beiden Fälle gelte. Das an zweiter Stelle genannte Zahlenbeispiel mit $m = 13$, $\eta = 80$ v. H. würde durch Punkt D mit einem Einheitsverbrauch von 30 kg gekennzeichnet. Die Seilfahrtszeit dagegen, die einen schlechteren Wirkungsgrad bei gleicher Ausnutzungsziffer besaß, ergäbe einen Verbrauch von 203 kg (Punkt G). Auch die vollkommene Maschine (Punkt F) würde lediglich infolge des schlechteren Wirkungsgrades bei der Seilfahrt bereits 68 kg verbrauchen gegenüber dem Idealwert 10 kg bei der stockenden Förderung. Unvermeidlich wäre daher ein Mehrverbrauch von 58 kg, während der Betrag von 135 kg auf Rechnung der Unvollkommenheiten der Maschine gesetzt werden müßte.

Es ist zu beachten, daß dieser Betrag im gleichen Verhältnis mit der Abnahme des Wirkungsgrades wächst. Man sieht hieraus, wie sehr die Wirtschaftlichkeit der Anlage bei kleinen Nutzlasten von einem günstigen Verlauf von A S abhängt. In Wirklichkeit wird diese Kurve für das zweite Beispiel weniger steil verlaufen als für das erste, der zahlenmäßige Unterschied also größer sein, als unter den vereinfachenden Annahmen festgestellt wurde.

Es war bereits erwähnt, daß an und für sich diese Flächen nur für positive Werte von „m“ und „η“ zu gebrauchen sind, also nur für positive Nutzlasten. Die für „m“ vorgeschlagene Festsetzung, deren Zweckmäßigkeit jetzt einleuchten wird, gestattet aber, mit Hilfe der Kurve A S auch den Verbrauch solcher Belastungsfälle zu erfassen, die diesen Bedingungen nicht mehr genügen. Erforderlich ist nur, daß für den betreffenden Fall positive Arbeit in den Zylindern indiziert wird. Selbstverständlich hat dann die Angabe des Verbrauches für die Schachtleistungseinheit und die Stunde keinen Sinn mehr, sie kann sich vielmehr nur auf einen Zug beziehen.

Man erinnere sich daran, daß die aus A S durch Multiplikation der Ordinaten mit 0,8, oder was zum gleichen Ergebnis führt, die aus Q R durch Multiplikation mit 0,3 abgeleitete Kurve unmittelbar die Abhängigkeit des Stundenverbrauches der indizierten Leistungseinheit von „m" darstellt. Für vollkommen ausgeglichene Seilfahrt mit $z = 8{,}75$ würde sich eine Ausnutzungsziffer von $m = \dfrac{8{,}75 . 1500 . 750}{35 (1500 . 6000) 750} = 5$ v. H. und eine indizierte Stundenarbeit von $8{,}75 . 1500 . 750 = 9\,850\,000$ mkg $= 36{,}3$ PS$_i$/Stunden ergeben. Eine PS$_i$/Stunde würde nun bei „m" $= 5$ v. H. $0{,}8 . 52$ kg Dampf (ermittelt aus Punkt K), mithin ein Zug $\dfrac{0{,}8 . 52 . 36{,}3}{8{,}75} = 173$ kg Dampf verbrauchen. Würde das Übergewicht des abgehenden Korbes 1000 kg betragen, so wären für einen Zug $500 . 750$ mkg zu indizieren, entsprechend einer Ausnutzung von $1{,}5$ v. H. Die weitere Rechnung ließe sich auch hier in gleicher Weise durchführen.

Es sei noch erwähnt, daß, falls sich „a" entgegen der Annahme nicht als mit „m" unveränderlich erweisen sollte, was gerade für Seilfahrtszüge wegen ihrer geringen Geschwindigkeit nicht ganz unmöglich ist, diese Abweichung bei den weiteren Auswertungen leicht berücksichtigt werden kann. Für jede der beiden Flächen wäre noch eine Kurve zu verzeichnen, die die Abhängigkeit von „a" mit „m" darstellt und bei zahlenmäßigen Rechnungen mit herangezogen werden muß.

2. Die einzelnen, den Gesamtverbrauch bedingenden Einflüsse.

Sofern das über den mechanischen Wirkungsgrad der Maschine Gesagte als richtig anerkannt wird, kann sinngemäß vom Maschinenlieferer nur eine Gewährleistung für die Kurve des Dampfverbrauches der indizierten Mittelleistung in Abhängigkeit von der Ausnutzungsziffer verlangt werden. Der Verbrauch für eine bestimmte Schachtleistung dürfte dagegen wegen des von Fall zu Fall verschiedenen Einflusses der Schachtreibung nicht unter Gewähr gestellt sein. Daß heute nach dieser eigentlich selbstverständlichen Forderung nicht verfahren wird, vielmehr alle bekannt gewordenen Versuche sich auf die Schachtleistung beziehen, wurde bereits erwähnt. Nun ist mit ziemlicher Sicherheit anzunehmen, daß sowohl die Schacht- als auch die Maschinenreibungsverluste durch die Entwicklung der letzten 20 Jahre eine Verminderung nicht erfahren haben. In dieser Zeit sind einerseits im Ausbau der Schächte, der Ausbildung der Korbführungen und den üblichen Seilgeschwindigkeiten, zum anderen in der mechanischen Durchbildung der Maschinen keine grundlegenden Veränderungen eingetreten. Man darf daher damit rechnen, daß die alten, mit 30—40 kg für eine Schacht PS/Stunde angegebenen Verbrauchswerte im Durchschnitt bei gleichem Gesamtwirkungsgrad der Anlage gewonnen sind, wie die neueren. Mit einem zu 0,8 angenommenen Wirkungsgrad multipliziert, kennzeichnet der Unterschied von 15 kg dann die Verbesserung des Energieumsatzes in der Maschine, die sich also durch die Mindestzahl von rund 12 kg für eine Mittel-PS$_i$/Stunde ausdrückt.

Die Anwendung der einzelnen Mittel, die diesen großen Erfolg zeitigten, lag zum Teil nahe, sobald man überhaupt anfing, die Wirtschaftlichkeit des Förderbetriebes zu beachten und sich mit der Arbeitsweise des Dampfes in der Fördermaschine näher zu beschäftigen.

a) Steuerung und Fahrweise.

Im zweiten Abschnitt ist gezeigt, daß das Wesen des Dampfbetriebes ein unveränderliches Kraftmoment während der Anfahrt verlangt. Ebenso wird auch, wenn man von den selten verwendeten Bobinen und Kegeltrommeln absieht, das in der Beharrung zu leistende Drehmoment nur insofern veränderlich, als der Seilausgleich nicht vollständig ist. Im

allgemeinen herrschen zwischen Anfang und Ende der Beharrung keine
allzugroßen Unterschiede in der resultierenden Belastung, so daß die
Einführung eines Mittelwertes, für dessen Bestimmung im ersten Abschnitt die nötigen Formeln angegeben sind, unbedenklich zulässig erscheint. Danach handelt es sich also im Grunde genommen um eine
Dampfmaschine, bei der regelmäßig auf eine Zeit größeren eine solche
erheblich kleineren Kraftmomentes und darauf eine Zeit des Leerlaufes
ohne Trieb- oder Gegendampf folgt. Erste Bedingung für ein wirtschaft-
liches Arbeiten ist nun selbstverständlich, daß die Maschine in beiden
Dampfzufuhrperioden so arbeitet, wie dies für eine hochwertige, durchlaufende Dampfmaschine verlangt wird, d. h. also mit stets günstiger
Dampfverteilung und Regelung des Kraftmomentes durch Verändern der
Füllung, nicht aber durch Drosseln des Frischdampfes. Diese, dem heutigen Empfinden ganz selbstverständliche Forderung beachtete die alte
Dampffördermaschine mehr oder weniger überhaupt nicht.

Die bekannten Nachteile der früher ganz überwiegenden Kulissensteuerung (Verdichtung und Vorausströmen zu klein bei großen, zu groß
bei kleinen Füllungen, die zudem eine übermäßige Drosselung im Einlaß-
querschnitt ergeben), treten bei der Fördermaschine so besonders stark
in Erscheinung, weil mit Rücksicht auf gute Steuerbarkeit die größte
Füllung hier mit rund 90 v. H. zu bemessen ist. Ferner muß im Gegensatz zur Lokomotive, bei der die eine Drehrichtung auf Kosten der
anderen bevorzugt werden kann, die Steuerung für beide Fahrtrich-
tungen gleichwirkend ausgebildet werden.

Die Einführung der Kraftschen Daumensteuerung, die jede beliebige
Dampfverteilung durch entsprechende Ausbildung der Daumen gestattet,
bedeutete den ersten großen Fortschritt. Im ganzen Umfange konnte
dieser jedoch erst ausgenutzt werden, als man die Maschinen mit einem
Regler ausrüstete, der zum Schluß der Anfahrt selbsttätig die für die
Beharrung erforderliche kleinere Füllung einstellt und diese weiterhin
ohne Zutun des Maschinisten bei gleichbleibender Drehzahl ändert, soweit dies ein unvollkommener Seilausgleich verlangt. Unter Hinweis auf
das am Schlusse des zweiten Abschnitt Gesagte sei hier nochmals wiederholt, daß eine richtige Füllungsregelung von Hand auch beim Vorhandensein einer Dampfumsteuermaschine eine Geschicklichkeit und dauernde
Aufmerksamkeit des Maschinisten erfordert, die vom Durchschnitts-
arbeiter billigerweise weder erwartet noch verlangt werden kann. Dieser
wird, sofern er sich unbeobachtet weiß, stets zu dem weit bequemeren Mittel greifen, nach Eintritt der Beharrung die Verkleinerung
des Maschinenmomentes durch Drosselung zu erzwingen, die Füllung
dagegen nicht zu ändern. Daß darüber hinaus der Mann aus Bequemlichkeit das auch hinsichtlich des Dampfverbrauches durchaus wünschenswerte scharfe Geschwindigkeitsdiagramm mit möglichst langer

Beharrungsperiode am liebsten gar nicht verwirklicht, wurde ebenfalls bereits begründet. Damit wären die Vorteile der Daumensteuerung zum großen Teil praktisch wieder hinfällig geworden, wenn nicht die heute durchweg gebräuchliche selbsttätige Füllungsregelung die erforderliche Unabhängigkeit von Geschicklichkeit und gutem Willen des Maschinisten geschaffen hätte. Sie erleichtert dem Mann seine Arbeit in so weitgehendem Maße, daß er sie erfahrungsgemäß nicht wieder entbehren will, sobald er sie nur einmal kennen gelernt hat. Schon aus Bequemlichkeit wird er gar nicht darauf verfallen, die Einwirkung des Reglers durch besondere Handgriffe absichtlich zu durchkreuzen, was an und für sich ja möglich bleibt. Wollte er beispielsweise den Dampf drosseln, statt die selbsttätige, mit vollkommener Sicherheit erfolgende Verkleinerung der Füllung abzuwarten, so hätte er von Hand das Fahrventil zu betätigen, die Wirkung dieser Maßnahme am Geschwindigkeitsmesser zu überwachen und nötigenfalls zu berichtigen. Beides bleibt vollkommen überflüssig, wenn er nur die Maschine sich selbst überläßt.

In welchem Maße sich bei den heutigen Steuerungen die Dampfverteilung für Anfahrt und Beharrung gegen früher verbessert hat, geht aus den von Dr. Hoffmann in der Z. d. V. d. I. 1904 veröffentlichten Diagrammen älterer und neuerer Maschinen hervor. Den gleichen Gegenstand behandelt Müller in „Glückauf" 1906, Heft 17. Hier ist auch zahlenmäßig nachgewiesen, wie schnell sich der vielfach ausgeführte Umbau einer alten Kulissensteuerung in eine neuzeitliche, vom Regler beeinflußte Kraftsche bezahlt macht.

b) Der schädliche Raum.

Neben der Dampfverteilung ist die thermische Durchbildung der Zylinder für den Dampfverbrauch von entscheidender Bedeutung. Die alten Maschinen mit seitlich liegenden Ventilkästen besaßen schädliche Räume von 12—15 v. H. gegenüber 5—6 v. H. beim neuzeitlichen Zylinder, der nach dem Vorbild gut durchgearbeiteter Betriebsmaschinen gebaut ist. Ganz abgesehen von der Wirkung seiner Oberfläche bedingt der Totraum als solcher einen Verlust, der nur dann durch eine bis zur Eintrittsspannung getriebene Verdichtung ganz ausgeglichen werden kann, wenn die Ausdehnung bis auf die Ausschubspannung erfolgt. — Hochdruckzylinder von Verbundmaschinen ohne Spannungsabfall. — In allen anderen Fällen, besonders bei der mit großen Anfahrfüllungen arbeitenden Fördermaschine, ist diese Bedingung im allgemeinen nicht erfüllt, so daß der Verlust durch die Kompression zwar vermindert, nicht aber ganz beseitigt werden kann. Er läßt sich für einen Arbeitsprozeß mit adiabatischer Ausdehnung und Verdichtung, der keinerlei Vorausströmen und Drosselverluste besitzt, vermittels der Mollierschen JS Tafel leicht bestimmen, sofern für den Beginn der Verdichtung der gleiche

Dampfzustand vorausgesetzt wird, wie er bei einer bis zur Ausschub-
spannung fortgesetzt gedachten Ausdehnung vorliegen würde. (Vergl.
Schüle, Techn. Thermodynamik, 2. Aufl., Band 1, Abschn. 72 a.) Durch
Probieren kann dabei der Verdichtungsgrad gefunden werden, der für

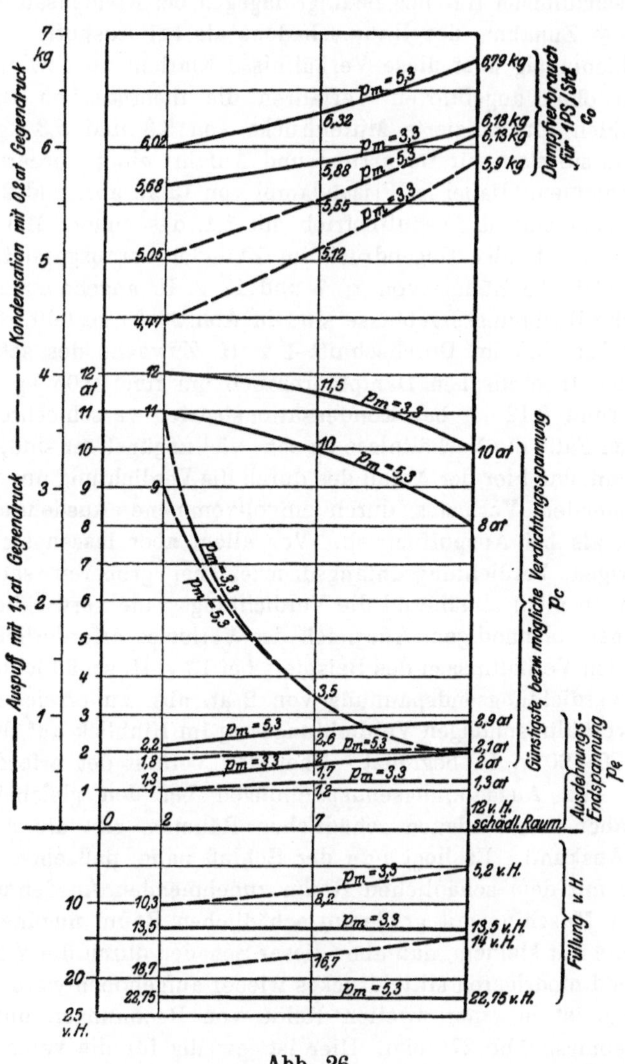

Abb. 26.

den jeweiligen Fall den kleinsten Raumschaden ergibt. Grundsätzlich
zeigt sich, daß die größeren Füllungen kleinere Kompressionsgrade verlangen, daß der erreichbare Mindestverlust mit zunehmender Füllung verhältnismäßig sinkt, und daß dieser schließlich bei Kondensation größer

ist als bei Auspuff. Der theoretische Dampfverbrauch wird weiterhin durch Abweichungen von der günstigsten Verdichtung bei der Kondensationsmaschine weniger beeinflußt als bei der Auspuffmaschine, die eine starke Abhängigkeit nach dieser Seite hin besitzt. Eine Vergrößerung des schädlichen Raumes bedingt dagegen bei Kondensationsbetrieb eine größere Zunahme des Raumschadens als bei Auspuff.

Um zahlenmäßig über diese Verhältnisse Klarheit zu gewinnen, sind nach dem oben angeführten Verfahren die theoretischen Dampfverbrauchszahlen für indizierte Mitteldrücke von 3,3 und 5,3 kg/cm² ermittelt, wie sie etwa für Beharrung und Anfahrt einer Fördermaschine in Frage kommen. Dabei ist Frischdampf von 13 at. abs. und 275⁰ Temperatur, ferner einmal Auspuffbetrieb mit 1,1, das andere Mal Kondensation mit 0,2 at. abs. Gegendruck im Zylinder vorausgesetzt. Ferner wurden schädliche Räume von 2, 7 und 12 v. H. angenommen.

Sämtliche Rechnungsergebnisse sind in Abb. 26 dargestellt. Es ergibt sich zunächst, daß im Durchschnitt 1 v. H. Zuwachs des schädlichen Raumes den theoretischen Dampfverbrauch um rund 0,05 kg bei Auspuff, um rund 0,12 kg bei Kondensationsbetrieb verschlechtert. Daß im letzteren Falle die Verhältnisse so sehr viel ungünstiger sind, liegt zunächst daran, daß hier der Anteil des durch die Verdichtung nur teilweise auszugleichenden Verlustes durch unvollkommene Ausdehnung weit größer ist, als bei Auspuffbetrieb. Vor allem aber lassen sich wegen des niedrigen Verdichtungsanfangsdruckes bei größeren schädlichen Räumen auch nicht annähernd die Verdichtungsgrade verwirklichen, die zu möglichst vollständigem Ausgleich des Verlustes erforderlich wären. So ist bei den Verhältnissen des Beispiels bei 12 v. H. schädlichem Raum nur eine Verdichtungsendspannung von 2 at. abs. zu erreichen, wenn man den verhältnismäßigen Verdichtungsweg im Hinblick auf die Steuerung mit 80—90 v. H. begrenzt. Über den Verlauf der erforderlichen Füllungen und Ausdehnungsendspannungen bei den gleichen Mitteldrücken, aber verschiedenen schädlichen Räumen, gibt die Abbildung ebenfalls Auskunft. Es liegt nun der Schluß nahe, daß eben lediglich wegen des mit dem schädlichen Raum zunehmenden Ausdehnungsenddruckes die Maschine mit größerem schädlichen Raum ungünstiger dasteht, als die mit kleinem, daß aber dieser Schaden durch die Wahl eines entsprechend niedrigeren Mitteldruckes wieder aufgehoben werden könne. Diese Frage ist in einer zweiten Reihe von Rechnungen untersucht, deren Ergebnisse Abb. 27 zeigt. Hier ist jeweilig für die verschiedenen schädlichen Räume der Ausdehnungsenddruck gleich, und zwar so groß angenommen, wie er sich in Abb. 26 für 2 v. H. schädlichen Raum ergibt. Es zeigt sich in der Tat, daß jetzt der Einfluß des schädlichen Raumes auf den t h e o r e t i s c h e n Dampfverbrauch der Auspuffmaschine bei der kleinen Füllung nahezu vollständig, bei der größeren in sehr

weitgehendem Maße verschwindet, wie wegen der verhältnismäßigen
Kleinheit des Verlustes durch die unvollkommene Ausdehnung bei Auspuffbetrieb auch zu erwarten war. Nun ist aber zu beachten, daß mit
der Zunahme des schädlichen Raumes bei gleichem Ausdehnungsend-

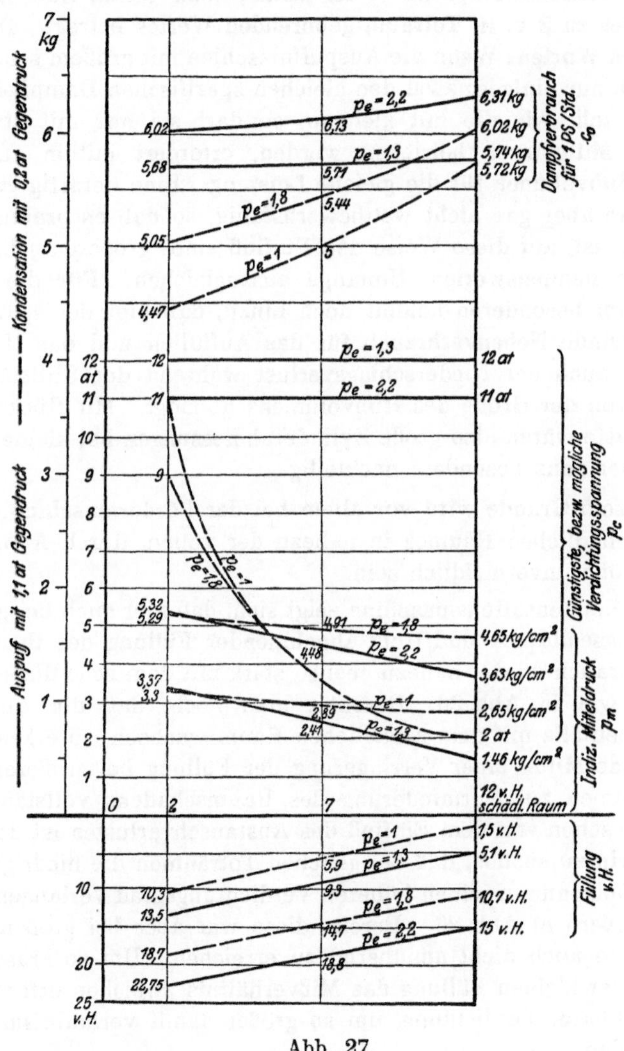

Abb. 27.

druck die Füllung in starkem Maße abnimmt, bei pe = 1,3 beispielsweise
von 13,5 auf 5,1 v. H. Das bedeutet natürlich ein Herunterziehen der
mittleren Wandungstemperatur, also eine Erhöhung der Austauschverluste. Der Gesamtverbrauch der PS$_i$/Stunde wird demnach hier mit

zunehmendem schädlichen Raum eine weit größere Verschlechterung erfahren als der theoretische. Vor allem aber muß darauf hingewiesen werden, daß trotz gleichen Ausdehnungsverhältnisses der indizierte Mitteldruck mit der Zunahme des schädlichen Raumes sehr stark sinkt und im Durchschnitt bei 12 v. H. schädlichem Raum nur etwa das 0,6 fache des zu 2 v. H. Totraum gehörenden Wertes beträgt. Das heißt mit anderen Worten: Wenn die Auspuffmaschine mit großem schädlichen Raum auch nur einigermaßen den gleichen spezifischen Dampfverbrauch aufweisen soll, wie die mit kleinem, so darf sie nur mit etwa dem 0,6 fachen Mitteldruck betrieben werden, erfordert mithin rund das 1,7 fache Hubvolumen für die gleiche Leistung. Eine derartig große Maschine wäre aber gar nicht wettbewerbsfähig, so daß es praktisch ausgeschlossen ist, auf diese Weise den Einfluß eines größeren schädlichen Raumes in nennenswertem Umfange auszugleichen. Für die Fördermaschine im besonderen kommt noch hinzu, daß hier der später noch zu behandelnde Nebenverbrauch für das Auffüllen und das Umsetzen, annähernd auch der Niederschlagsverlust während der Stillstände unmittelbar von der Größe des Hubvolumens abhängt. Mit Rücksicht auf diese Verluste wären also große Zylinderabmessungen bei kleinen Mitteldrücken hier ganz besonders nachteilig.

Aus diesem Grunde wird vor allem bei der Fördermaschine der Einfluß des schädlichen Raumes in nahezu der vollen, durch Abb. 26 festgelegten Höhe unvermeidlich sein.

Für die Kondensationsmaschine zeigt sich, daß hier auch bei gleichem Ausdehnungsenddruck und trotz abnehmender Füllung der theoretische Dampfverbrauch wieder nahezu ebenso stark mit dem schädlichen Raum zunimmt, wie in Abb. 26. Beachtet man noch, daß die Austauschverluste ebenfalls mit dem schädlichen Raum wachsen, so erkennt man, daß hier das Mittel einer Verringerung der Füllung bei größeren schädlichen Räumen zur Verminderung des Raumschadens vollständig versagt. Abgesehen von dem Einfluß des Austauschverlustes ist der Grund hierfür darin zu suchen, daß bei gleichen Toträumen die niedrigere Ausdehnungsendspannung einen höheren Verdichtungsgrad verlangen würde, als die größere in Abb. 26. Bereits diese war aber bei großem schädlichen Raum auch nicht annähernd zu erreichen. Um so krasser wird daher bei der kleinen Füllung das Mißverhältnis zwischen erforderlicher und erreichbarer Verdichtung, um so größer damit verhältnismäßig der Raumschaden.

Man sieht also, daß die neuzeitliche Fördermaschine hinsichtlich des Raumschadens der alten um rund 0,5 bzw. 1 kg für die PS$_i$/Stunde überlegen ist.

c) Der Auffüllverlust.

Noch in einer anderen Beziehung bedeutet der Totraum bei der Fördermaschine einen Nachteil, insofern er nämlich zum Beginn jedes Zuges
mit dem zugehörigen Hubraum der zuerst anfahrenden Zylinderseite aufgefüllt werden muß. (Das gleiche gilt für das später noch besonders
zu behandelnde Umsetzen.) Das dazu aufgewandte Dampfgewicht leistet
keine Volldruckarbeit, wird also schlechter ausgenutzt als der Dampf im
weiteren Verlauf des Treibens. Mit einiger Annäherung kann dieser
„Auffüllverlust" in folgender Weise bestimmt werden. Setzt man eine
vollkommene Maschine ohne schädlichen Raum voraus, so liefern die
J S und T V Tafeln die aus einem Kilogramm Dampf zu gewinnende gesamte und als deren Bruchteil die Volldruckarbeit. (Vergl. Schüle, Bd. I,
Abschn. 71.) Diese Ermittlung ist für verschiedene, praktisch in Frage
kommende Frischdampfverhältnisse, für Auspuff und Kondensation durchgeführt. Dabei ist die Ausdehnungsendspannung stets gleich Ausschub-
druck plus 2 at. gesetzt, wie dies beim durchschnittlichen Anfahrdia-
gramm etwa der Fall ist. Es ergibt sich, daß sowohl für Überhitzung
als auch für Sattdampf der Anteil der Volldruckarbeit bei Auspuffbetrieb
zu rund 0,54, bei Kondensation zu rund 0,46 der Gesamtarbeit gesetzt
werden kann. Unter der Voraussetzung, das die gleichen Verhältnis-
zahlen auch für den wirklichen Arbeitsprozeß gelten, heißt das also,
daß, um den Verlust an Volldruckarbeit auszugleichen, für jedes Kilogramm Auffülldampf weiterhin 0,54 kg Frischdampf bei Auspuff, 0,46 kg
bei Kondensationsbetrieb zusätzlich aufgewendet werden müssen.

Bei jedem Zuge einer Zwillingsmaschine sind nun zunächst die Tot-
und die jeweiligen Hubräume zweier Zylinderseiten aufzufüllen. Die
Summe der beiden zusammengehörenden Hubräume hängt von der jeweiligen Kolbenstellung und der Füllung ab. Bei der Fördermaschine
wird eine Füllung von 100 v. H., wenn auch nur für einen Augenblick,
beim Anfahren nahezu verwirklicht, da die Auslage des Steuerhebels
stets über die größten Füllungen hinweg erfolgt. Dabei würde dann je
nach der Kurbelstellung der Gesamtinhalt zwischen 0,5 und 1,5 V_H
schwanken, worin V_H den Hubraum eines Zylinders bedeutet. Nun
stehen schwerlich bei zwei aufeinanderfolgenden Fahrten die Kurbeln
an genau der gleichen Stelle, vor allem wird ferner der Maschinist die
Körbe so einstellen, daß im Augenblick des Anfahrens die auch hinsichtlich des Kraftmomentes ungünstigste Kurbelstellung vermieden ist.
Demnach wird nicht der Höchstwert 1,5 V_H, sondern eher das Mittel
1 V_H für die weitere Rechnung einzusetzen sein. Auf der anderen
Seite ist allerdings zu bedenken, daß der Anteil der verlorenen Volldruckarbeit um so größer ist, je weiter der betreffende Kolben bereits vor-
gerückt, je kleiner also der noch verbleibende Ausdehnungshub ist. Um

diese Unsicherheiten wenigstens schätzungsweise zu berücksichtigen, werde das aufzufüllende Hubvolumen gleich 1,15 H_H gesetzt. Damit ergibt sich dann der gesamte Auffüllverlust G_1 der Zwillingsmaschine in kg/Std., sofern „m" in cbm den schädlichen Raum einer Zylinderseite, „z" die Zugzahl in der Stunde, „v" das spezifische Volumen des Frischdampfes und „k" eine Berichtigungsziffer bedeutet:

$$G_1 = 0,54 \, (1,15 \, \mathrm{VH} + 2 \, \mathrm{m}) \, \frac{z}{v} \, k \quad \text{bei Auspuff,} \qquad 70)$$

bezw.
$$G_1 = 0,46 \, (1,15 \, \mathrm{VH} + 2 \, \mathrm{m}) \, \frac{z}{v} \, k \quad \text{bei Kondensation.} \qquad 70a)$$

Der Anteil des schädlichen Raumes beträgt dabei:

$$1,08 \, \mathrm{m} \, \frac{z}{v} \quad \text{bezw.} \quad 0,92 \, \mathrm{m} \, \frac{z}{v} \, k. \qquad 71) \; 71a)$$

k soll den Einfluß der Eintrittsabkühlung berücksichtigen und sei zu 1,08 bei hoher Überhitzung, zu 1,25 bei Sattdampf geschätzt.

Für die Zwillingstandemmaschine, die als die Vereinigung zweier Zwillingsmaschinen aufgefaßt werden kann, sind die Verlustdampfgewichte sowohl für den Hoch- als auch den Niederdruckteil zu bestimmen. Dabei kann der Abkühlungszuschlag für den Hochdruckteil, damit auch k, niedriger, etwa zu 1,05 bzw. 1,15 eingesetzt werden. Der Niederdruckverlust läßt sich dann im Verhältnis des Wärmegefälles des Aufnehmerdampfes zum gesamten Nutzgefälle auf Frischdampf umrechnen.

Die wiederholt als Beispiel behandelte Achtwagenförderung erfordert eine Zwillingsmaschine mit einem V_H von etwa 1,6 cbm oder eine Zwillingstandemmaschine, deren Niederdruckzylinder etwa 1,9, deren Hochdruckzylinder rund 0,8 cbm Hubvolumen besitzt. Es sei angenommen, daß die Zwillingsmaschine mit Auspuff, die Zwillingstandemmaschine mit Kondensation betrieben wird, daß ferner der jeweilige Totraum 5 v. H., und z 35 beträgt. Mit diesen Voraussetzungen ist der Auffüllverlust ermittelt, und zwar sowohl für gesättigten Eintrittsdampf von 10 at. abs. als auch für überhitzten von 13 at. abs. Die Ergebnisse sind in der nachfolgenden Tafel zusammengestellt.

	G_1 kg Dampf/Std.		Anteil d. Totraumes kg/Std.	
	Frischdampf 10 at. ges.	Frischdampf 13 at. 275°	Frischdampf 10 at. ges.	Frischdampf 13 at. 275°
Zwillingsmaschine mit Auspuff	338	212	19	17
Zwill. Tand. Masch. mit Kondensation	Hochdr. Teil 110 Nieddr. Teil 90	Hochdr. Teil 100 Nieddr. Teil 90	Hochdr. Teil 8,7 Nieddrt. „ 7,2	Hochdr. Teil 8.2 Nieddr. „ 7,2

Der Niederdruckdampf, dessen Spannung zu 3,5 at. abs. eingesetzt wurde, besitzt noch etwa 60 v. H. des gesamten Wärmegefälles. Auf

Frischdampf umgerechnet, stellt sich demnach der gesamte Auffüllverlust der Zwillingstandemmaschine auf $110 + 0,6 . 90 = 164$ kg/Std. bei
Sattdampf, bzw. auf $100 + 0,6 . 90 = 154$ kg/Std. bei Überhitzung, der Anteil des Totraumes auf $8,7 + 0,6 . 7,2 = 13$ kg, bzw. $8,2 + 0,6 . 7,2$
$= 12,5$ kg.

Wie auch schon die einfache Überlegung ergibt, stellt sich hinsichtlich
des Auffüllverlustes die zweistufige Maschine etwas günstiger. Der
Unterschied nimmt jedoch bei Überhitzung ab, da diese nur dem Hochdruckteil zugute kommt.

Die Schachtleistung beträgt bei dem gewählten Beispiel 585, die indizierte Mittelleistung bei dieser höchsten Ausnutzung etwa $\frac{585}{0.8} = 730$ PS.
Der Verlust beläuft sich demnach bei der Zwillingsmaschine auf 0,35 bis
0,6 kg bzw. 0,3 bis 0,45 kg, je nachdem als Bezugseinheit die Schacht-
oder die indizierte PS/Stunde gewählt wird. Für die Zwillingstandemmaschine stellen sich entsprechend die Werte auf rund 0,27 bzw. 0,22 kg.
Der Einheitsverlust ist hier nicht allzu groß, steigt aber natürlich, da er
nur von der Zugzahl abhängt, bei abnehmender Ausnutzungsziffer, sofern
z unverändert bleibt.

Der Anteil des Totraumes fällt praktisch kaum ins Gewicht. Auch bei
der alten Fördermaschine, die gegenüber der heutigen einen rund dreimal
so großen schädlichen Raum besitzt, würde er bei den Verhältnissen
des Beispieles im Höchstfalle noch nicht 0,1 kg für die Schacht PS/Stunde
ausmachen.

d) Die schädlichen Flächen.

Wichtiger im allgemeinen als der Inhalt ist die Oberfläche des schädlichen Raumes, deren Größe in erster Linie entscheidend ist für den
stets einen Arbeitsverlust darstellenden Wärmeaustausch zwischen Wandung und Dampf. Diese Frage, deren eingehendes Studium im allgemeinen Dampfmaschinenbau schon längst zur Ausbildung thermisch
günstiger Zylinder geführt hatte, blieb auf dem Sondergebiete der Fördermaschine im großen und ganzen unbeachtet, bis der Wettbewerb der
Elektrizität die Notwendigkeit der Dampfersparnis in den Vordergrund
schob.

Untersucht man einen Fördermaschinenzylinder älterer Bauart an
Hand der überzeugenden und ausführlichen Darlegung, die Professor
Graßmann — Anleitung zur Berechnung einer Dampfmaschine, 3. Aufl.,
Müller, Karlsruhe — den Austauschverlusten und ihrer zahlenmäßigen
Festlegung widmet, so wird offenbar, welch große Verbesserungsmög-
lichkeiten dem Konstrukteur hier noch offen standen. In erster Linie be-
stimmen den Wärmeaustausch die schädlichen Dauerflächen, d. h. die-
jenigen, die dauernd mit dem Arbeitsdampf in Berührung bleiben. Die
Bedeutung der Zuwachsfläche, die in Gestalt der Zylinderlaufbahn all-

mählich vom vorrückenden Kolben freigegeben und beim Rückgang nach und nach wieder abgeschaltet wird, tritt dagegen stark zurück. (Vergl. Graßmann, S. 380.) Als Maßstab für den Flächenschaden hat sich in der Literatur der Bruch $\frac{O}{F}$ eingebürgert, worin O die schädlichen Flächen, F die Kolbenfläche abzüglich Kolbenstangenquerschnitt bedeutet. Wenn man absieht von der Einführung einer Berichtigungsziffer für die sogenannten „gedeckten Flächen", die, wenigstens bei stark überhitztem Dampf, einen nennenswert geringeren Grad der Schädlichkeit besitzen als die offenen, und unter O die Summe aller schädlichen Dauerflächen versteht, so ergibt sich bei einem gut durchgebildeten Ventilzylinder der heute üblichen Bauart das Verhältnis $\frac{O}{F}$ zu ungefähr 4,5 bis 5. Ältere Fördermaschinenzylinder mit seitlich liegenden Ventilkästen und hinsichtlich des Flächenschadens ohne besondere Sorgfalt durchgebildeten Zylinderdeckeln weisen dagegen Werte von 8—9 und mehr auf. Sofern mit Graßmann die naheliegende, im übrigen auch durch die Versuche von Heinrich (Forschungsarbeiten, Heft 146) bestätigte Annahme gemacht wird, daß der Austauschverlust der schädlichen Fläche, und das zweite, diesen Verlust zahlenmäßig ausdrückende Glied des gesamten Dampfverbrauches dem Wert $\frac{O}{F}$ verhältnisgleich ist, so wird der in den Verbrauchsziffern erreichte Fortschritt auch von dieser Seite her verständlich.

Nach den Hrabakschen Tafeln, die die schädlichen Flächen eines gut durchgebildeten neuzeitlichen Zylinders voraussetzen, ergibt sich das zweite Glied des Dampfverbrauches, bezogen auf die PS_i/Std für Sattdampf und die bei der Fördermaschine üblichen Füllungen und Kolbengeschwindigkeiten zu 2,5 bis 3,5 kg bei Auspuff, zu 1,5 bis 2,5 kg bei Kondensation, je nach Dampfdruck und den besonderen Verhältnissen.[1] Rund das Doppelte dieser Beträge erforderte dann die alte Fördermaschine mit ihren nahezu doppelt so großen schädlichen Flächen. Zahlenmäßig ist der Fortschritt also recht bedeutend, vor allem, wenn man ihn statt auf die indizierte auf die Schacht-PS/Std bezieht. Bei größeren Überhitzungen würden sich die Zahlen allerdings auf $\frac{1}{3}$ bis $\frac{1}{4}$ verringern. Jedoch bleibt zu beachten, daß Zylinder mit seitlichen Ventilkästen den durch nennenswerte Überhitzungen bedingten Wärmespannungen ihrer ungünstigen Formgebung wegen nicht gewachsen sind.

Der besondere Vorzug des Heißdampfes liegt in der Verminderung der Austauschverluste, die allerdings auch hier keineswegs ganz verschwinden. Die Verwirklichung kleinstmöglicher schädlicher Flächen bleibt demnach auch für die Heißdampfmaschine eine wichtige Forderung.

---

[1] Die Auspuffmaschine ist dabei einstufig, die Kondensationsmaschine zweistufig vorausgesetzt.

Dieser Grundsatz hat im allgemeinen Dampfmaschinenbau eine Reihe von Sonderbauarten gezeitigt, die von der üblichen Form der Ventilzylinder und der Steuerungsventile mehr oder weniger stark abweichen. In erster Linie sei an dieser Stelle die van den Kerkhovensche Maschine mit in die Deckel eingebauten Steuerorganen, Stromdeckelheizung und besonders kleinen schädlichen Räumen und Flächen genannt. Nach Graßmann erlaubt diese Art der Heizung, die bespülten schädlichen Flächen mit einer Berichtigungsziffer von etwa 0,65 in die weitere Rechnung einzuführen. Im Fördermaschinenbau haben diese Weiterbildungen noch kaum Fuß gefaßt. Das nach dem heutigen Stand der Dinge mögliche in der thermischen Vervollkommnung ist hier mithin keineswegs erreicht, so daß Verbesserungen noch durchaus zu erwarten sind. Ob allerdings der Einbau der Ventile in die Deckel ohne weiteres bei der Fördermaschine zu empfehlen ist, erscheint zweifelhaft und kann nur von einer längeren Betriebspraxis entschieden werden. Naturgemäß erschwert diese Bauart die Zugänglichkeit des Kolbens. Bei kleineren und mittleren Maschinen spielt das praktisch keine große Rolle, wohl aber bei den großen Abmessungen der neuzeitlichen Fördermaschine, zumal diese für Instandsetzungsarbeiten nur stundenweise zur Verfügung gestellt werden kann. Hinsichtlich der Stromdeckelheizung liegen ferner bei der Fördermaschine besondere Verhältnisse vor, auf die im folgenden Abschnitt noch hingewiesen wird.

e) Der Auslaufverlust.

Es ist bekannt, daß die Maschinisten gern zum Beginn des Auslaufes das Fahrventil ganz schließen, den Steuerhebel aber vorläufig noch ausgelegt lassen. Die Maschine pumpt dann zunächst die Rohrleitung zwischen Fahrventil und Zylinder leer. Mit der Druckverminderung in diesem Raum ist natürlich ein Temperaturabfall verbunden, der auch bei anfangs hoch überhitztem Dampf sehr bald in das Gebiet der Dampfnässe und damit zu einer lebhaften Wärmeabgabe seitens der Rohrwandung führt. Beim nachfolgenden Wiederauffüllen der Leitung muß der neue Arbeitsdampf die gleiche Wärmemenge an die Metallmassen zurückgeben, wird also entsprechend entwertet. Besitzt die Maschine Stromdeckelheizung, so nehmen natürlich die Deckel mit ihrem Inhalte und ihren gesamten Wandungen an diesem Vorgange teil. Dabei handelt es sich wegen der verwickelten Formen (Versteifungsrippen) jedenfalls um ein vielfaches der Oberfläche von wenigen Metern glatter Rohrleitung. Demnach wird auch der in diesem besonderen Wärmeaustausch begründete Verlust bei einer Stromdeckelmaschine sehr viel größer, als bei einer normalen. Wie groß der durch diese verkehrte Fahrweise bedingte Dampfverlust für einen Zug wird, läßt sich ohne planmäßige Versuche in Zahlen wohl kaum ausdrücken. Da aber bei

höherer Überhitzung die Austauschverluste an und für sich nur klein
sind, und die Heizung lediglich diesen kleinen Betrag durch Verminderung des Schädlichkeitsgrades der bespülten Flächen noch etwas erniedrigt, kann mit Sicherheit angenommen werden, daß bei einer in
dieser Art gefahrenen Fördermaschine der Nachteil der Stromdeckelheizung ihren ursprünglichen Nutzen weit übersteigt. Ferner sei daran
erinnert, daß bei jeder Maschine, gleichgültig, ob sie Stromdeckelheizung
besitzt oder nicht, mit dem Leerpumpen auch die Zylinderwandungen
mit immer kälterem und schließlich feuchtem Arbeitsdampf in Berührung
kommen, daß daher auch diese Flächen zum Schaden des Dampfverbrauches des nächstfolgenden Zuges empfindlich ausgekühlt werden.
Schließlich muß die Dichtheit der Steuerventile darunter leiden, daß
sie bei dieser Fahrweise so außerordentlich weitgehenden Temperatur-
schwankungen ausgesetzt sind, hinsichtlich ihrer Formänderungen also
niemals recht in einen Beharrungszustand kommen.

Es folgt aus diesen Darlegungen, daß in jedem Falle, vor allem aber
bei einer Stromdeckelmaschine, die Maschinisten dahin anzuweisen sind,
daß sie zum Beginn des Auslaufes den Steuerhebel in die Mittellage
zurückziehen, das Fahrventil aber ganz geöffnet halten. Bedingung dafür
ist allerdings, daß die selbsttätigen sogenannten Kompressionsventile,
durch die der rückgehende Kolben den noch im Zylinder befindlichen
Dampf in die Frischdampfleitung zurückdrängt, genügenden Querschnitt
besitzen und zuverlässig arbeiten. In dieser Beziehung lassen die
älteren und zum Teil auch neuere Maschinen manches zu wünschen
übrig. Die Ventile sind vielfach bei weitem zu klein und besitzen viel
zu große bewegte Massen. Damit treten einmal hohe, die ganze Maschine
gefährdende Überkompressionen im Zylinder auf, zum andern brechen
zu schwere Ventile leicht, zumal sie stoßweise öffnen und schließen.
Diese Mängel mußten schließlich den Maschinisten dazu führen, durch
die beschriebene falsche Fahrweise den Übeln aus dem Wege zu gehen,
allerdings auf Kosten des Wärmeverbrauches.

Es darf allerdings nicht verschwiegen werden, daß auch beim Zurückziehen des Steuerhebels eine Unvollkommenheit bestehen bleibt. Reichlich bemessene und günstig gelegene Durchströmquerschnitte, wie sie
z. B. die heutige Bauart der meisten Firmen gewährleistet, — die ganze
Bodenfläche des Einlaßventilkorbes wird hier für das Kompressionsventil
ausgenutzt — lassen zwar das gesamte Hubvolumen beim ersten Rück-
hub ohne nennenswerte Überkompression in die Frischdampfleitung
zurücktreten, der schädliche Raum bleibt dagegen angefüllt. Der weitere
Auslauf der Maschine bei geschlossenen Steuerventilen läßt dieses
Dampfgewicht abwechselnd sich ausdehnen und wieder verdichten. Infolge der unvermeidlichen Wärmeverluste durch Strahlung, Wirbelung,
Reibung und den Einfluß der Wandungen verläuft die Linie der Aus-

dehnung stets etwas unterhalb der der Verdichtung, so daß eine kleine
Bremsfläche im Diagramm übrig bleibt. Deren Wirkung kommt einem
leichten Gegendampfgeben gleich. Der Auslauf erfolgt mithin nicht ganz
frei, und die Energieausnützung ist nach dem im Anfang des ersten Ab-
schnitts Gesagten nicht vollkommen. Bei kleinem Totraum ist diese
Bremsarbeit jedoch nur sehr klein, und da sie im Gegensatz zu der anderen
Fahrweise den Wärmeverlust in Rohrleitung und Zylinder vermeidet,
dessen Temperatur sogar noch etwas steigert, so erscheint das Zurückziehen des Steuerhebels als bei weitem die richtigste Maßnahme.
Es würde auch für die Praxis sehr lehrreich sein, wenn in den
Laboratorien unserer Hochschulen die ganzen Fragen durch planmäßige
Versuche geklärt würden. Diese ließen sich an einer gewöhnlichen, mit
genügenden Schwungmassen versehenen Dampfmaschine, die eine Umsteuerung nicht zu besitzen braucht, unter weitgehender Nachahmung
der tatsächlichen Verhältnisse des Fördermaschinenbetriebes gut durchführen.

f) Verluste durch falsche Maschinenbemessung.

Bei einer normalen Treibscheibenmaschine ist der indizierte Mitteldruck im Zylinder während des Anfahrens etwa doppelt so groß als in
der Beharrung. Durch passende Wahl der Zylinderabmessungen ist
mithin dafür zu sorgen, daß beide, weit auseinanderliegende Belastungsfälle einen möglichst günstigen Einheitsverbrauch ergeben.

Ältere Fördermaschinen, deren Berechnung nur auf statischer Grundlage erfolgte, weisen vielfach zu kleine Zylinderabmessungen auf, die,
wenigstens bei der Anfahrt, nahezu Vollfüllung verlangen. Damit wird
dann nur ein kleiner Bruchteil der Gesamtenergie, und zwar nur die
äußere Verdampfungswärme ausgenützt. Diese ist bei allen praktisch
vorkommenden Dampfdrücken nahezu unveränderlich. Abgesehen von
ihrer sonstigen Unvollkommenheit hat mithin eine mit Vollfüllung arbeitende Maschine in bezug auf den spezifischen Dampfverbrauch keinen
Vorteil von einer Steigerung des Dampfdruckes. Für den Fördermaschinenbetrieb kommt noch hinzu, daß der Auffüllverlust ungefähr
doppelt so groß wird, als die früher abgeleiteten Formeln angeben, da die
Ausdehnungsarbeit des Dampfes nahezu ganz verschwindet.

In Abb. 28 sind die Kurven des Dampfverbrauches der PS_i-Stunde für
Einzylinder-Auspuff- und Verbund-Kondensationsmaschinen in Abhängigkeit von dem indizierten Mitteldruck aufgetragen. Die Ermittlungen sind
durchgeführt für Eintrittsdampf von 8 at. abs. und Sättigungstemperatur,
ferner von 8 und 13 at. abs. und 275° Überhitzung. Da die Werte
nach dem Hrabakschen Tabellenwerk errechnet sind, können sie natürlich keinen Anspruch auf vollkommene Genauigkeit machen. Dieser
Vorbehalt gilt um so mehr für die Fördermaschine, als diese niemals

in dem dauernden Beharrungszustande in bezug auf Wandungstemperatur und Kolbengeschwindigkeit arbeitet, den Hrabak voraussetzt. Unbeschadet dieser Einschränkung wird aber doch der allgemeine Charakter der Kurven auch hier gültig bleiben. Man erkennt, daß bei niedrigen Dampfdrücken, und zwar gleichgültig, ob Überhitzung vorhanden ist, oder nicht, der Einheitsverbrauch mit p_m stark veränderlich ist. Es ist darum unter normalen Verhältnissen hier nicht möglich, sowohl die Anfahrt als auch die Beharrung mit nahezu dem gleichen, und zwar dem kleinstmöglichen Dampfverbrauch zu durchlaufen, vielmehr muß der eine Abschnitt zugunsten des anderen benachteiligt werden. Bei ge-

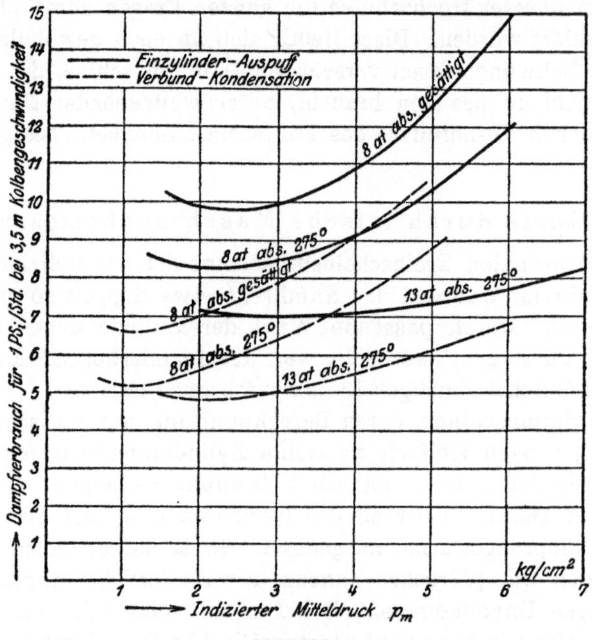

Abb. 28.

ringen Teufen ohne nennenswerte Beharrungsperiode wird für die Anfahrfüllung ein möglichst günstiger Dampfverbrauch zu erstreben sein, bei großen Teufen ist dagegen der Zylinder so zu bemessen, daß auch die Beharrung nicht auf einen allzu ungünstigen Punkt der Kurve fällt.

Die Verwendung hochgespannten Dampfes bringt nicht nur den Vorteil eines niedrigeren Verbrauches bei der günstigsten Füllung, sondern sie ist gerade für den Fördermaschinenbetrieb deswegen so besonders angebracht, weil die zugehörige Verbrauchskurve sehr flach verläuft. Es ist hier also, und zwar vor allem bei Auspuffbetrieb, viel leichter, für beide Arbeitsperioden sich dem kleinstmöglichen Einheitsverbrauch weitgehend zu nähern.

Aus Abb. 28 erkennt man ferner, daß es kaum möglich ist, eine Maschine so zu bemessen, daß sie sowohl bei niedrigem als auch bei hohem Druck wirtschaftlich arbeitet. Gerade diese Forderung wird aber sehr oft von den Zechen gestellt, die infolge der besonderen Bedingungen ihres Kesselbetriebes viel mit stark schwankendem Dampfdruck rechnen müssen. Die Rücksicht auf die niedrigste Dampfspannung zwingt zu großen Abmessungen der Zylinder, die dann bei hohem Druck schlecht ausgenützt werden. Die Verluste durch das Auffüllen und Umsetzen, sowie durch Undichtheiten und Niederschläge während der Pausen entsprechen natürlich der Größe des Zylinders, die indizierte Arbeit dagegen nur bei der niedrigsten Dampfspannung. Je mehr diese überschritten wird, um so größer werden daher die erwähnten Verluste, bezogen auf die Leistungseinheit.

Die Schwierigkeiten im Kesselbetriebe der Kohlenzechen beruhen in erster Linie darin, daß im eigenen Betriebe diejenigen Abfallprodukte, wie Koksasche, Schlammkohle, Waschberge usw. verstocht werden müssen, die keinen oder nur geringen Verkaufswert besitzen. Diese Brennstoffe sind, zumal im nassen Zustande, sehr schwer auf dem Rost zu verarbeiten und zudem ungleichmäßig in ihrer Wertigkeit, so daß es in der Tat schwierig sein mag, den gewünschten hohen Dampfdruck dauernd zu halten. Auf der anderen Seite müssen sich allerdings die Zechen darüber klar sein, wie sehr die Wirtschaftlichkeit des Tagesbetriebes und im besonderen der Dampfverbrauch der Fördermaschinen unter diesen Verhältnissen leiden. Durch die Beschaffung geeigneter Unterwindfeuerungen wird in vielen Fällen der Kesselbetrieb wesentlich verbessert werden können. Das meiste in dieser Hinsicht muß man allerdings wohl von der Lösung einer wichtigen Aufgabe erwarten, die schon seit Jahren alle beteiligten Kreise lebhaft beschäftigt, nämlich der Schaffung eines brauchbaren Generators für die Vergasung dieser minderwertigen Brennstoffe. Sind die Schwierigkeiten, die zurzeit diese Aufgabe noch bietet, und die im hohen Schlackengehalt, der Feuchtigkeit und der Feinkörnigkeit des Materials begründet sind, erst voll und ganz überwunden, so wird sicherlich für die Kohlenzeche die zentrale Gaserzeugungsanlage und der gasgefeuerte Kessel typisch werden. Damit ist natürlich eine vorzügliche Regelung der Dampferzeugung erreicht, die sich den wechselnden Betriebsverhältnissen mit Leichtigkeit anpaßt.

Nicht nur mit Rücksicht auf den Kesselbetrieb werden heute vielfach Fördermaschinen mit unvorteilhaft großen Abmessungen ausgeführt, sondern dieser Fehler wird auch häufig unter dem Druck des Bestellers begangen, der glaubt, mit einer recht „starken“ Maschine besonders günstig zu fahren, oder aber seine Anlage von Anfang an für ein Förderprogramm einrichtet, das erst nach Jahrzehnten verwirklicht werden kann. Ganz abgesehen von dem bereits früher über zu große Maschinen Gesagten ist dieser Standpunkt schon deshalb unrichtig, weil ebenso, wie in den letzten 20 Jahren große Fortschritte gemacht sind, auch in Zukunft die Entwicklung nicht stehen bleiben wird. Es ist darum zweifellos das Richtige, eine Maschine für die Betriebsverhältnisse zu bemessen, die in absehbarer Zeit vorliegen, und sie zu erneuern, wenn Nutzlast und Teufe stark steigen oder neue Maschinen mit wesentlich besserem Dampfverbrauch auf den Markt kommen. Die Kosten der Neuanlagen verschwinden mit Sicherheit gegenüber den laufenden Mehrausgaben, die eine veraltete oder der vorliegenden Belastung nicht entsprechende Maschine im jahrelangen Dauerbetriebe verursacht.

Diese Verluste werden besonders groß, wenn es sich um Trommelförderungen handelt. Es laufen noch heute viele Maschinen, die vor etwa 15 Jahren für Teufen von 900—1000 m bestellt wurden, und von Anfang an entsprechend riesige Trommeln mitschleppen, dabei aber noch immer aus 400—500 m fördern und in absehbarer Zeit fördern werden. Die gewünschte flotte Förderung verlangt kurze Zugzeiten, also hohe Seilgeschwindigkeiten. Dabei ist aber die Masse der Trommeln so groß, daß bei dem kurzen, zur Verfügung stehendem Wege oft sogar bei Seilausgleichung ein freier Auslauf unmöglich wird. Bei jedem Zuge müssen also mehr oder minder große, leicht zu berechnende Energiemengen durch Gegendampf vernichtet werden, die vorher unter Dampfaufwand erzeugt wurden. Das folgende Beispiel zeigt, welche Summen auf diese Weise im Laufe der Jahre verschwendet werden können:

Bei einer für 900 m Teufe bemessenen Maschine mit zylindrischen Trommeln ohne Unterseil sei vorläufig (vgl. S. 9) $T = 450$ m, ferner $q = 13$ kg/lfd m, $M = 10\,000$ kg, $v_{max} = 20$ m/sk, $N = 6000$ kg, $R_1 = 1500$ kg. Es seien 40 Züge in der Stunde verlangt, so daß bei 40 sk Sturzpause auf jedes Treiben höchstens 50 sk entfallen dürfen.

Mit dem für eine solche Maschine bereits hohen Wert $A = 0,7$ m/sk² liefern die Gleichungen 6a bis 8a: $t_1 = 22,8$ sk, $s_1 = 206$ m, $a_{max} = 1,235$ m/sk². B ergibt sich zu $\dfrac{6000 + 1500 - 450 \cdot 13}{10000} = 0,165$ m/sk²; ferner liefern unter der Voraussetzung freien Auslaufes bis auf die Endgeschwindigkeit Null die Gleichungen 9a bis 11a: $t_3 = 49,5$ sk, $s_3 = 334$ m, $b_{max} = 1,032$ m/sk². Der Auslauf würde zunächst also die ganze, für ein Treiben zur Verfügung stehende Zeit beanspruchen. Vor allem stehen jedoch nur $450 - 206 = 244$ m zur Verfügung, während 334 m erforderlich wären. Die Endgeschwindigkeit Null ist mithin ohne Energievernichtung nicht zu verwirklichen. Wird die Maschine sofort nach Erreichung der Höchstgeschwindigkeit sich selbst überlassen, so ergibt sich mit $s_3 = 244$ m, $B = + 0,165$ m/sk² nach Gleichung 18a die Endgeschwindigkeit v in der Hängebank zu 12,85 m/sk. Diese muß also unter allen Umständen vernichtet werden. Die zu ertötende Endwucht, ist mithin $100 \frac{12.85^2}{20^2} = 41{,}5$ v. H. der gesamten, bei der Anfahrt erzeugten lebendigen Kraft. Der erzwungene Auslauf erfordert etwa $\frac{244}{10}$ = rd. 25 sk, das ganze Treiben mithin 48 sk, wie vorgeschrieben war.

Bei 300 Tagen mit je 16 Stunden Förderzeit wären mithin jährlich unnütz erzeugt:

$$10\,000\,\frac{12{,}85^2}{2}\,40 \cdot 16 \cdot 300 = 159\,000\,000\,000 \text{ mkg.}$$

Rechnet man unter Berücksichtigung des Aufwandes für das Gegendampfgeben — zum mindesten geht dabei der Inhalt des schädlichen Raumes verloren — die Stunde und die Nutz-Pferdestärke, das sind 270 000 mkg gemessen am Seil, zu 12,5 kg Dampf, die Tonne Dampf zu 2.— M., so würde der jährliche Geldverlust betragen:

$$\frac{159\,000\,000\,000}{270\,000}\,0{,}0125 \cdot 2 = 14\,700 \text{ Mark.}$$

Durch Wahl einer im Durchmesser kleineren und schmaleren Trommel, die mit der zugehörigen leichteren Maschinen der vorläufigen kleinen Teufe entsprochen hätte, wäre dieser Verlust so gut wie vollständig zu vermeiden gewesen. Man sieht hieraus, daß die Kosten für eine neue Maschine allein durch das Vermeiden des ständigen Gegendampfgebens weit eher herausgeholt wären, als die große Teufe ereicht sein würde, daß die Bemessung der Maschine für ein fernes Zukunftsprogramm wirtschaftlich also durchaus verfehlt war.

g) Das Umsetzen.

Der Verbrauch für das Umsetzen der Maschine entzieht sich, da es sich um kurze, ruckweise von Hand gegebene Stöße von Trieb- und Gegendampf handelt, einer genauen zahlenmäßigen Vorausbestimmung. Die folgende Betrachtung läßt jedoch ein einigermaßen zutreffendes Bild von der Größe dieses Teilverbrauches gewinnen.

Erfahrungsgemäß drosselt der Maschinist beim Umsetzen durch ganz knappes Anheben der Ventile den Dampf sehr stark ab und arbeitet bei Frischdampfdrücken von rund 10 at. mit Dampfspannungen im Zylinder von etwa 2,5—3 at. abs. Da bei der üblichen Art des dreimaligen Umsetzens vieretagiger Körbe das resultierende Lastmoment — ohne Berücksichtigung der Reibung — zunächst negativ, dann null, schließlich positiv wird, sind diese niedrigen Umsetzdrücke nicht nur vollkommen ausreichend, sondern zum sicheren Steuern der Maschine durchaus notwendig. Bei der Drosselung bleibt der Wärmeinhalt des Dampfes unverändert, trocken gesättigter Dampf würde überhitzt, Heißdampf bei wenig fallender Temperatur in seinem Überhitzungsgrade wesentlich gesteigert werden. Nun ist Sattdampf praktisch stets mit etwa 2—3 v. H. Dampfnässe behaftet, so daß hier die Drosselung nur zur vollen Trocknung, kaum aber je zu nennenswerter Überhitzung führt. Man kann daher annehmen, daß beim Umsetzen im Zylinder von Sattdampfmaschinen gerade trockener, von Heißdampfmaschinen sehr stark überhitzter Dampf arbeitet, der etwa die oben angegebene gedrosselte Spannung besitzt. Die Wandungstemperatur, die dieser Dampf im Zylinder vorfindet, wird bei Sattdampfbetrieb etwa gleich, bei Heißdampfbetrieb kleiner sein, als seine eigene. Infolge des schlechten Wärmeüberganges zwischen Heißdampf und der durch den vorhergegangenen Auspuff mit Sicherheit völlig getrockneten Wandung wird im letzteren Falle eine nennenswerte Wärmeabgabe des eintretenden Dampfes nicht stattfinden. Eine solche ist aber auch bei Sattdampfbetrieb nicht zu erwarten, besonders noch, da das in Frage kommende Temperaturgefälle nur sehr klein ist, unter Umständen sogar die Wandung die höhere Temperatur besitzt. Es folgt hieraus, daß beim Umsetzen Niederschlagsverluste kaum auftreten, der Dampfverbrauch also praktisch allein durch den angefüllten Raum bestimmt ist.

Unter Hinweis auf die frühere ähnliche Bestimmung des Auffüllverlustes sei dieses Volumen für die beiden, jedesmal zusammenarbeitenden Zylinderseiten mit $1\,V_H + 2$ m angenommen, soweit es sich um das zunächst erforderliche Auffüllen der Räume handelt. Nun wird beim Umsetzen nur Volldruckarbeit geleistet, beim Vorgehen der Kolben müssen also weitere Dampfmengen nachströmen. Aus Trommel- bzw. Treibscheibenumfang und der üblichen Etagenhöhe der Körbe ergibt sich, daß dieses Arbeitsvolumen der beiden Seiten durchschnittlich etwa $0,35\,V_H$ für ein einmaliges Vorziehen beträgt. Um das zeitenweise Gegendampfgeben wenigstens einigermaßen zu berücksichtigen, werde ein Zuschlag von 20 v. H. gemacht. Bei z Zügen in der Stunde und k maligem Vorziehen des Korbes während einer Sturzpause wird daher stündlich für das Umsetzen verbraucht:

$$G_u = 1,2\,(1,35\,V_H + 2\text{ m})\,\frac{z\,k}{v'} = (1,6\,V_H + 2,4\text{ m})\,\frac{zk}{v'}; \qquad 72$$

v' bedeutet darin das am einfachsten aus den JS und TV Tafeln zu entnehmende spezifische Volumen des Frischdampfes nach seiner Drosselung auf etwa 3 at. abs., wobei nach den früheren Erwägungen bei Sattdampfbetrieb v' auf den Zustand trockener Sättigung zu beziehen ist. Sollte die Maschine für eine wesentlich kleinere Spannung als 10 at. bemessen sein, so erfolgt auch das Umsetzen mit entsprechend niedrigeren Drücken. In solchen Fällen mag man auch für v' etwa 2—2,5 at. zugrunde legen.

Die auf Seite 106 als Beispiel herangezogene Zwillingsmaschine mit 1,6 cbm Hubvolumen würde bei $z = 35$ und $k = 3$ (das gleichzeitige Abziehen von zwei Bühnen, wobei $k = 1$ wäre, wird heute immer mehr verlassen, da es zu viel Mannschaften an der Hängebank erfordert) folgenden Stundenverbrauch für das Umsetzen ergeben:

1. bei Sattdampf von 10 at. abs.:

$$G_u = (1,6 \cdot 1,6 + 2,4 \cdot 0,08) \frac{35 \cdot 3}{0,6} = 480 \text{ kg.}$$

2. bei Heißdampf von 13 at. abs. 275°:

$$G_u = (1,6 \cdot 1,6 + 2,4 \cdot 0,08) \frac{35 \cdot 3}{0,85} = 340 \text{ kg.}$$

Diese Zahlen werden natürlich nur angenähert die tatsächlichen Verhältnisse wiedergeben, sind aber, da die Spannung mit 3 at. wegen der zunächst negativen Lastmomente beim Umsetzen reichlich groß angenommen ist, eher zu hoch, als zu niedrig.

Bei der Schachtleistung von 585, der zugehörigen indizierten Leistung von etwa 730 PS erfordert das Umsetzen bei Sattdampf rund 0,8 kg für eine Schacht- bzw. 0,65 kg für eine indizierte PS/Stunde. Für Überhitzung stellen sich die Zahlen auf rund 0,6 bzw. 0,45 kg. Schätzt man den Schacht PS/Stundenverbrauch der Maschine bei Sattdampf zu 13,5, bei Heißdampf zu 11 kg, so würde das Umsetzen jedesmal rund 5,5—6 v. H. des Gesamtverbrauches beanspruchen.

Bei einer Maschine, die infolge schlechter Steuerung oder ungünstiger Fahrweise einen höheren Einheitsverbrauch besitzt, ist natürlich der verhältnismäßige Anteil des Umsetzens geringer, da dessen Verbrauch im wesentlichen nur durch die Zylinderabmessungen bestimmt wird. Man kann daher die Zahl 6 v. H. als den äußersten Grenzwert betrachten, der sich bei schlechteren Maschinen entsprechend erniedrigt.

. Eine ähnliche Rechnung auch für die zweistufige Maschine durchzuführen, erscheint untunlich. Der Aufnehmerdampf, der meist ohnehin schon größere Dampfnässe besitzt, wird nur sehr wenig gedrosselt, also nicht auf den Zustand trockener Sättigung gebracht. Ferner sinkt auch meist die Aufnehmerspannung beim Umsetzen merklich. Aus diesen Gründen werden im Niederdruckteil mehr oder minder große Austauschverluste auftreten, die sich der Rechnung entziehen. Ein Vorteil der Stufenanordnung für das Umsetzen ist also nicht zu erwarten, schätzungsweise mag man den Verbrauch gleich dem einer aus den Niederdruckzylindern gebildeten Zwillingsmaschine setzen.

Ebenso wie beim Auslauf, ist es auch beim Umsetzen vom Standpunkt der Wirtschaftlichkeit unbedingt richtig, das Fahrventil ganz geöffnet zu halten, die Drosselung also nur mit der Einlaßsteuerung zu bewirken. Bei richtiger Ausbildung der Steuerdaumen ist das erfahrungsgemäß ohne weiteres möglich. Der hierdurch vermiedene Wärmeaustausch zwischen Dampf und Rohrleitung ist zwar bei dem Drosselvorgang wegen des Fehlens der Dampfnässe sehr viel geringer, als bei dem Leer-pumpen der Leitung. Was jedoch früher über das schlechte Dichthalten der Einlaßventile infolge der ständig wechselnden Temperaturen gesagt wurde, gilt, wenigstens bei Sattdampfbetrieb, auch hier unverändert.

h) Bremse und Umsteuermaschine.

Diese Hilfsapparate beeinflussen den Gesamtverbrauch nur wenig. Bei den üblichen Aufnahmeversuchen wird ihr Anteil meist gesondert bestimmt. Für die heutigen Bauarten dieser Hilfsmaschinen ergibt er sich nach ausgeführten Messungen (Glückauf 1913, Heft 34, 1915, Heft 32) zu 2,5—3 v. H. des Gesamtverbrauches, bzw. zu 2—3,5 kg für einen Zug. Dabei ist natürlich die Art des Umsetzens — Abziehen von einer oder zwei Bühnen — von großem Einflusse. Durchweg sind die Beträge so gering, daß es wertlos erscheint, für ihre Berechnung noch besondere Gleichungen aufzustellen, deren Grundlagen natürlich nur unsicher sein können. Die Verwendung der Bremsdruckregler und die Ausführung gedrehter Bremsringe, wobei infolge des geringen Spiels der Brems-backen der jedesmalige Hub des Bremskolbens seinen kleinstmöglichen Wert erreicht, wirken hier dampfsparend, wie Vergleichsversuche an älteren Maschinen zeigen. Diese weisen unter Umständen den doppelten Verbrauch und mehr für einen Zug auf.

i) Niederschlags- und Undichtheitsverluste.

Hierüber enthalten zunächst der erwähnte Bericht von Dr. Meyer sowie die darin angeführten Literaturquellen zahlenmäßige Angaben, die aber, wie Dr. Kießelbach in der Eröterung des Vortrages (Stahl und Eisen 1915, S. 186) mit vollem Recht hervorhebt, nicht als typisch angesehen werden dürfen. Daß alte unübersichtliche Dampfanlagen, bei denen eine sachgemäße Betriebskontrolle fehlt, ohne weiteres vielleicht manchmal auch kaum durchführbar ist, derartig große Verluste auf-weisen können, wie sie Schulze gemessen hat (Die Wirtschaftlichkeit des Maschinenbetriebes einer oberschlesischen Steinkohlengrube, Kattowitz, Gebrüder Böhm 1913) bleibt unbestritten. Ebenso sicher ist es aber auch, daß diese Zahlen bei neuzeitlichen Anlagen auf einen kleinen Bruchteil der angegebenen Werte sinken.

Es liegt auf der Hand, daß ebenso, wie ein helles, sauberes Maschinen-haus am besten vor einer Vernachlässigung der Maschine schützt, so auch eine gute Anordnung des Rohrkellers von wesentlichstem Einflusse auf die Instandhaltung und dauernde Überwachung der gesamten Rohr- und Entwässerungsanlage ist. Man legt daher heute, sehr im Gegensatz zu früher, den allergrößten Wert auf eine durchsichtige Führung der Leitungen, besten Wärmeschutz und die Schaffung eines hohen, bequem zugänglichen und vorzüglich beleuchteten Rohrkellers. Ferner sind in einer guten Anlage an allen wichtigen Stellen besondere Kontrollvorrichtungen vorzusehen, die eine lückenlose Prüfung des Dichtheitszustandes jederzeit gestatten. Auch bei alten, in dieser Hinsicht unzulänglichen Anlagen lassen sich meist mit verhältnismäßig sehr einfachen Mitteln durchgreifende Verbesserungen schaffen. Die Hauptarbeit ist jedenfalls schon getan, wenn sich erst der Betriebsleiter zahlenmäßig darüber klar geworden ist, welch überflüssige Verluste sein Betrieb tagaus, tagein erleidet und dann den Entschluß faßt, diesem Übel planmäßig zu Leibe zu gehen. Hat er sich selbst und seine nachgeordneten Stellen dahin gebracht, daß der Anblick eines ungeschützten Rohres oder einer offenbar undichten Stelle das gleiche Unbehagen hervorruft, wie von jeher dem Elektriker eine sichtlich mit Erdschluß behaftete Leitung, so wird sehr bald auch für seinen Betrieb das oft gehörte Wort seine Bedeutung verlieren, die Wirtschaftlichkeit einer Dampfanlage werde auf die Dauer durch versteckte und unvermeidliche Niederschlags- und Undichtheitsverluste ganz erheblich gegenüber den Abnahmeversuchen verschlechtert.

Es sei gestattet, hier an eine Parallele zu erinnern. Nahezu alle großen Betriebe, die doch gewiß jede Möglichkeit einer Verschwendung von Betriebsmitteln von jeher ausgeschlossen zu haben glaubten, sind unter dem Zwange des Krieges zu der überraschenden Erkenntnis gekommen, daß der Friedensverbrauch an Schmiermitteln um ganz gewaltige Beträge über das Notwendige hinausging. Durch eine scharfe Betriebskontrolle ist es nach Schaffung auch bei veralteten Maschinen verhältnismäßig einfacher Hilfseinrichtungen gelungen, ohne jede Beeinträchtigung der Betriebssicherheit den Verbrauch bis auf stellenweise 50 v. H. und weniger des früheren herunterzudrücken. Ganz ähnlich liegen die Dinge hinsichtlich der zu unrecht als unvermeidlich angesehenen Dampfverluste.

Dr. Kießelbach macht mit Recht darauf aufmerksam, daß Undichtheiten an den Rohrleitungen bei dem heutigen Stande der Technik überhaupt nicht vorkommen dürfen. Die Wärmeverluste werden durch eine sachgemäße Umhüllung der Leitungen, die sich, was leider vielfach noch immer nicht geschieht, auch auf die Flanschen zu erstrecken hat[1]), auf ein Minimum gebracht. Die Verwendung hochüberhitzten Dampfes ist hinsichtlich des Rohrleitungsverlustes gerade für die Fördermaschine besonders angebracht, da die ohnehin schon niedrige Wärmeübergangszahl bei Stillständen infolge des Fehlens jeglicher Dampfströmung noch ganz erheblich sinkt.

---

[1]) Über den großen Anteil nicht umhüllter Flanschen an dem gesamten Wärmeverlust von Rohrleitungen haben die eingehenden Versuche von Eberle (Z. d. **V.** d. **J.** 1908 S. 539 u. f.) Klarheit geschaffen.

In bezug auf die Dichtheit von Kolben und Steuerungsventilen ist mit der Verbesserung der baulichen Durchbildung, den Fortschritten in Werkstatttechnik und der Auswahl geeigneter Baustoffe im Fördermaschinenbau gegen früher sehr viel erreicht, so daß auch hier jetzt der hohe Grad der Vollkommenheit vorhanden ist, den die Betriebsdampfmaschine anerkannterweise längst besaß. Zu einer laufenden Prüfung des Dichtheitszustandes können sehr bequem die Indikatorhähne benutzt werden. Bei unter Dampf stillstehender Maschine lassen sie den durch die Undichtheit der Einlaßventile verursachten Dampfverlust erkennen. Setzt man den Kolben in eine Totlage und hebt das eine oder das andere Einlaßventil an, so zeigt der Indikatorhahn der jeweilig anderen Kolbenseite, nachdem der Beharrungszustand eingetreten ist, die gesamte Undichtheit des geschlossenen Einlaßventils und des Kolbens an. Zweckmäßig ist es, den ausströmenden Dampf vermittels eines Metallschlauches in einen Kühler zu leiten. Meist genügt hierfür schon ein größerer, mit Eichstrichen versehener und zum Teil mit Wasser gefüllter Eimer. Die Menge des Kondensates liefert dann den zahlenmäßigen Wert des Verlustes für eine bestimmte Zeit. Kann dieses ganze Verfahren, schon weil es den bereits im Zylinder als Wasser niedergeschlagenen Teil des Verlustes nicht mitmißt, auf wissenschaftliche Genauigkeit keinen Anspruch machen, so genügt es doch für den praktischen Betrieb vollauf und hat den Vorzug größter Einfachheit.

Umsteuerschieber und Bremsdruckregler sind kleine, eingeschliffene Kolbenschieber, die leicht beweglich sein müssen und daher niemals vollkommen dicht sind. Die erwähnten, durch Versuche festgestellten Verbrauchszahlen dieser beiden Hilfsmaschinen enthalten natürlich neben dem Nutzverbrauch auch den Undichtheitsverlust, der demnach praktisch keine große Bedeutung besitzen kann. Wo eine Abdampfanlage vorhanden ist, sollten grundsätzlich auch die Auspuffleitungen von Bremse und Umsteuermaschine in den Wärmespeicher geführt werden. Der gesamte von den Apparaten verbrauchte Dampf kommt dann noch mit 40—50 v. H. seines ursprünglichen Wärmewertes in der Turbine zur Ausnutzung. Sehr zu empfehlen ist es jedoch, in jeder der beiden Auspuffleitungen einen Schieber und davor einen besonderen, ebenfalls absperrbaren Abzweigstutzen anzubringen. Damit läßt sich bei stehender Maschine vermittels der bereits früher beschriebenen Einrichtung der Dichtheitszustand der beiden Steuerschieber ständig zahlenmäßig feststellen.

Besondere Beachtung erfordern die Kondenstöpfe, die leider in manchen Betrieben in irgendeinem versteckten Kellerwinkel ein unbeachtetes Dasein führen und unter Umständen ganz erstaunlich große Dampfverluste verursachen. Bedauerlicherweise sind diese wichtigen Armaturen unter dem Drucke eines scharfen Wettbewerbes zu einem billigen Massenartikel geworden, der nur gar zu oft das nicht hält, was die Ankündigungen des Lieferers versprechen. Hinzu kommt, daß in der Frage der Dampfentwässerung an manchen Stellen noch eine erstaunliche Gleichgültigkeit und Unkenntnis herrschen. Sehr weit verbreitet ist der sogenannte Freifalltopf, bei dem der Auftrieb eines Schwimmergefäßes das Ventil geschlossen hält, bis sich bei stärkeren Wasserzuflüssen dieser Schwimmer durch Überlauf vom oberen Rande her füllt und sinkt. Dadurch wird das Ventil heruntergezogen und das Dampfwasser ins Freie gedrückt. Gute Ausführung vorausgesetzt, arbeiten diese Töpfe bei Sattdampf einwandfrei. Heißdampfmaschinen erfordern nun ebenfalls Kondenstöpfe, schon weil stets mit einer vorübergehenden Außerbetriebnahme des Überhitzers gerechnet werden muß. Selbstverständlich ist zu verlangen, daß der Topf dann ohne weiteres betriebsbereit ist. Daß der Maschinist ihn erst zuschaltet, wenn die Überhitzung ausbleibt, kann man billigerweise nicht verlangen. Das Ventil muß also, solange kein Dampfwasser zufließt, selbsttätig dicht verschlossen gehalten werden. Bei dem Freifalltopf ist das nun physikalisch unmöglich, da der Schwimmer bei trockenem Topf unten aufliegt. Damit steht also das Ventil ständig offen und der Dampf strömt dauernd frei aus. Eine hierauf aufmerksam gemachte Sonderfirma schlug merkwürdigerweise vor, die Zuleitung zum Topf möglichst zu verlängern, nicht zu umhüllen und auf diese Weise künstlich die Bildung von soviel Dampfwasser herbeizuführen, als zum Anhub des Schwimmers, d. h. Abschluß des Ventils notwendig sei. Ganz abgesehen davon, daß die Schaffung eines künstlichen Kondensators widersinnig und unwirtschaftlich ist, bleibt das Mittel viel zu unzuverlässig und wird bei hohen Überhitzungen wohl stets versagen.

Durch einen Quadratzentimeter Düsenöffnung strömen theoretisch bei 13 at. abs. und 275° Cels. nach der Gleichung $D = 72 \sqrt{\dfrac{p}{v}}$ stündlich 600 kg Dampf aus. Ein normaler Kondenstopf, wie man ihn an den Wasserabscheider der Maschine anzuschließen pflegt, hat eine Ventildurchtrittsöffnung von etwa 10 mm. Setzt man für den verwickelten Querschnitt die Ausflußziffer mit dem niedrigen Wert 0,5 ein, so würde sich ein stündlicher Verlust von $600 \cdot 0,8 \cdot 0,5 = 240$ kg Dampf ergeben. Diese Menge ginge verloren, solange die Maschine unter Heißdampf steht, also nahezu dauernd. Aufs Jahr bezogen stellt sich demnach der Verlust auf etwa: $0,24 \cdot 300 \cdot 24 = 1725$ t. bzw. 3450 Mark für diese einzige Stelle. Gerade bei niedrigen Ausnutzungsziffern wird hierdurch der gesamte Einheitsverbrauch ganz empfindlich gesteigert, wie zahlenmäßig leicht für die einzelne Anlage festgestellt werden kann. Derartige Fälle kommen in der Praxis öfter vor, als man vermuten sollte, besonders bei Anlagen, die nachträglich auf Überhitzung übergegangen sind, die alten Kondenstöpfe aber beibehalten haben. Daß der Verlust meist gar nicht bemerkt wird, hängt mit der gerade auf Zechen so verbreiteten Unsitte zusammen, die Abflußleitungen unmittelbar unter dem abgedeckten Wasserspiegel einer Senkgrube münden zu lassen. Äußerlich erscheint dann alles in schönster Ordnung, während in Wirklichkeit erhebliche Wärmemengen verschwendet werden, die mühelos hätten erspart werden können.

Der Freifalltopf ist daher grundsätzlich für Anlagen mit überhitztem Dampf zu verwerfen. Es bleibt rätselhaft, daß er in einer „Sonderbauart mit Nickelarmatur, geeignet für die höchsten Überhitzungen" überhaupt auf den Markt gebracht werden kann. Um ordnungsmäßig arbeiten zu können, verlangt dieser Topf das Vorhandensein von Dampfwasser, also Sättigungstemperatur. Ist diese Bedingung nicht erfüllt, so bedeutet er nur ein offenstehendes Ventil, für das die Wahl eines hochwertigen Baustoffes ganz zwecklos ist.

Auch bei Sattdampf ist im Fördermaschinenbetriebe Vorsicht geboten. Ein am Bremszylinder angeschlossener Topf wird z. B. durch plötzliches Nachverdampfen leicht trocken, wenn er beim Lösen der Bremse auf atmosphärischen Druck entspannt wird. Beim nächsten Anziehen der Bremse dauert es dann erhebliche Zeit, bis sich wieder genügend Dampfwasser zum Anheben des Schwimmers und Schließen des Ventils gebildet hat. In der Zwischenzeit geht natürlich nutzlos Dampf verloren. Ähnlich liegen die Verhältnisse für einen Topf, der an die Rohrleitung zwischen Fahrventil und Zylinder angeschlossen ist. Hier tritt die Wiederverdampfung des bereits abgeschiedenen Wassers ein, wenn der Maschinist bei geschlossenem Fahrventil auslaufen läßt, die Leitung also leerpumpt. Die nächste Arbeitsperiode findet dann zunächst auch hier einen trockenen Freifalltopf vor.

Hiernach sollten für die mit oder ohne Überhitzung betriebene Fördermaschine nur solche Kondenstöpfe verwendet werden, bei denen das Ventil so lange geschlossen bleibt, bis es durch den Auftrieb des Schwimmers im allmählich sich ansammelnden Dampfwasser angelüftet wird. Hier bleibt jeder Verlust vermieden, selbst wenn der Topf dauernd trocken steht. Bedingung ist natürlich, daß Konstruktion, Werkstattausführung und Baustoff dem angestrebten Zweck voll und ganz entsprechen. Das Beste ist hier gerade gut genug und eine falsche Sparsamkeit sehr vom Übel. Mit Rücksicht auf die Möglichkeit einer dauernden Überwachung des Dichtheitszustandes ist es ferner unbedingt ratsam, die Abscheider in ein besonderes, offenes Gefäß frei ausstoßen zu lassen. Bei der Entwässerung von Aufnehmer und Bremszylinder ist das schon im Hinblick auf die Wiedergewinnung des Öles wünschenswert.

Man erkennt aus diesen ganzen Darlegungen, welch großen Werte unter Umständen durch Unachtsamkeit verloren gehen können, und welch geringe Mühe es erfordert, diese Verluste weitgehend zu vermeiden.

k) Der Massenverlust.

Der letzte zu besprechende Punkt bezieht sich auf den Mehrverbrauch an Dampf, der durch eine unvollständige Wiedergewinnung der lebendigen Kraft der beschleunigten Massen beim Auslauf der Maschine bedingt wird. Dieser Punkt, der bereits mehrfach erwähnt wurde, findet auch in der angezogenen Arbeit von Dr. Meyer eine ausführliche Erörterung. Mit Recht wird dort hervorgehoben, daß dieser Verlust immer dann der Förderung und nicht der Antriebsmaschine zur Last gelegt werden muß, wenn, wie bei schweren Trommeln, dazu kleinen Teufen und fehlendem Seilausgleich, ein freier Auslauf schon theoretisch unmöglich ist. Für die Bewertung der Gesamtanlage ist diese Unterscheidung natürlich belanglos und hat nur Zweck, wenn man deren Wirtschaftlichkeit in ihre einzelnen Ursachen auflösen oder die Güte der eigentlichen Antriebsmaschine beurteilen will. Dr. Meyer gibt nun an, daß bei eindeutigen Steuerungen (elektrische Fördermaschine) etwa 10, bei nicht eindeutigen Steuerungen (Dampffördermaschinen) rund 40 v. H. der gesamten Massenenergie verloren gingen. Für die oben erwähnten Sonderfälle kann die letztere Zahl zutreffen, unter besonders ungünstigen Verhältnissen sogar noch überschritten werden, wie das auf Seite 114 durchgerechnete Beispiel zeigt. Den gleichen ungünstigen Verhältnissen würde dann aber auch die elektrische Fördermaschine gegenüberstehen, und es erscheint nach den früheren Ausführungen unwahrscheinlich, daß ihr einziger Vorzug, nämlich die Möglichkeit, beim auch hier ebenso unvermeidlichen Abbremsen der Energie Strom ins Netz zurückzuschicken, den Verlust von 40 auf 10 v. H. herunterdrücken kann. Sobald nun die Möglichkeit des freien Auslaufes überhaupt vorliegt, ist die Zahl 40 v. H. entschieden viel zu hoch, wie an Hand von aufgenommenen Geschwindigkeitsdiagrammen (vergl. auch Forschungsarbeiten, Heft 110/111, S. 88) leicht nachzuweisen ist. Selbst ein ausnahmsweise unsicherer Maschinist wird die von 20 m Geschwindigkeit auslaufende Maschine sich selbst überlassen, bis die Geschwindigkeit auf 5—6 m gesunken ist. Auch, wenn er die ganze, dann noch vorhandene Energie restlos durch Bremse oder Gegendampf vernichten würde, so handelt es sich immer nur um 7—8 v. H. der Massenenergie bzw. um rund 1,5 bis 2,5 v. H. der Gesamtarbeit eines Zuges. Den besten Beweis, daß der Verlust bei Treibscheibenförderungen nicht größer sein kann, liefert die Nachprüfung neuerer Verbrauchszahlen (vgl. z. B. S. 84) an Hand der weiterhin angegebenen Formeln. Bei der Zergliederung des Gesamtverbrauches bleiben für die Massenverluste kaum mehr als 2 v. H. des Gesamtaufwandes übrig.

3. Die Vorausbestimmung des Dampfverbrauches.

Im vorstehenden Abschnitt sind alle wesentlichen Einzelpunkte besprochen, die in ihrer Gesamtheit den Dampfverbrauch bestimmen. Für dessen zahlenmäßige Ermittlung haben sich in der Praxis die folgenden Formeln bewährt (vergl. auch Hütte, 22. Aufl., Band II, S. 444), die sich durch eine einfache Überlegung ableiten lassen.

Bezeichnungen:

D_s, kg   Dampfverbrauch für eine Schacht PS/Stunde.

D_i, kg   Dampfverbrauch für eine indizierte PS/Stunde (bezogen auf die mittlere indizierte Leistung).

t_1, t_2, sk   Dauer von Anfahrt, bzw. Beharrung.

L_{mi_1}, L_{mi_2}, PS   Mittelwerte der indizierten Maschinenleistungen während Anfahrt bzw. Beharrung, aus den in Abschnitt I angegebenen Formeln zu ermitteln.

R_1, kg   Summe von Schacht- und Maschinenreibung, als unveränderlicher Durchschnittswert auf das aufgehende Seil bezogen.

T, m   Förderteufe.

N, kg   durchschnittliche Nutzlast eines Zuges.

C_{i_1}, C_{i_2}, kg   die zu L_{mi_1}, L_{mi_2} gehörenden Dampfverbrauchszahlen einer PS_i/Stunde.

V kg.   Nebenverbrauch eines Zuges durch Bremse und Umsteuermaschine, Auffüllen beim Anfahren, Umsetzen, Undichtheiten und Niederschläge während der Förderpausen sowie unvollkommene Ausnutzung der Massenenergie beim Auslauf.

Damit wird

$$D_s = 75 \; \frac{L_{mi_1}\, t_1\, C_{i_1} + L_{mi_2}\, t_2\, C_{i_2} + 3600\,V}{T\,N} \qquad 73)$$

$$D_i = 75 \; \frac{L_{mi_1}\, t_1\, C_{i_1} + L_{mi_2}\, t_2\, C_{i_2} + 3600\,V}{T\,(N + R_1)} \qquad 74)$$

V läßt sich von Fall zu Fall auf Grund der angegebenen Regeln mit ziemlicher Genauigkeit bestimmen. Bequemer, allerdings weniger genau ist es, den Nebenverbrauch in Hundertteilen des Nutzverbrauches einzuführen, die Formen also zu schreiben:

$$D_s = 75\,k \; \frac{L_{mi_1}\, t_1\, C_{i_1} + L_{mi_2}\, t_2\, C_{i_2}}{T\,N} \qquad 73a)$$

$$D_i = 75\,k \; \frac{L_{mi_1}\, t_1\, C_{i_1} + L_{mi_2}\, t_2\, C_{i_2}}{T\,(N + R_1)} \qquad 74a)$$

Die Festzahl k wird dabei in den meisten Fällen zwischen 1,1 und 1,2 zu setzen sein. Die höheren Werte entsprechen im allgemeinen den

Maschinen mit niedrigem Gesamtverbrauch, da, wie bereits früher erwähnt wurde, der Nebenverbrauch von der thermischen Güte der Maschine ziemlich unbeeinflußt bleibt, daher verhältnismäßig größer wird, je günstiger diese arbeitet. Im einzelnen setzt sich der Nebenverbrauch, bezogen auf den Nutzverbrauch, etwa wie folgt zusammen: Umsetzen 4—7 v. H., Auffüllen 2—4 v. H., Bremse und Umsteuermaschine 2—3 v. H.. Massenverluste 2 v. H., Undichtheiten und Niederschläge 1—2 v. H., insgesamt also rund 11—18 v. H. Sofern infolge mangelnden Seilausgleiches, schwerer Trommeln oder besonders kleiner Teufen die Massenenergie nur sehr schlecht ausgenützt werden kann, wird natürlich der hierdurch bedingte Verlust erheblich steigen, daher auch k höhere Werte bis etwa 1,3 annehmen. Selbstverständlich liefert die Einführung von V, also die Benutzung der an erster Stelle genannten Formeln, die genaueren Werte für D_s und D_j, da es hierbei viel besser möglich ist, die Maschinengröße, die Art des Umsetzens und den Anteil der Bremse einigermaßen zutreffend zu berücksichtigen.

Besondere Schwierigkeiten bereitet die genaue Festsetzung der Werte C_{i_1} und C_{i_2}. Ist die Vorausbestimmung des Einheitsverbrauches einer durchlaufenden Maschine bereits eine Aufgabe, die sich, vor allem, was das zweite und dritte, den Austausch- und den Lässigkeitsverlust umfassende Glied angeht, nach dem heutigen Stande der Wissenschaft nur durch Umrechnen von Versuchswerten einigermaßen lösen läßt, so liegen bei der Fördermaschine die Verhältnisse noch viel verwickelter.

Hier stehen Füllung und Drehzahl in regelmäßigem Wechsel, so daß sich die den Austauschverlust bestimmende mittlere Wandungstemperatur dauernd verschiebt. Ferner wird diese in weitgehendem Maße, wie bereits früher betont wurde, von der Art des Auslaufes der Maschine beeinflußt. Zahlenmäßig lassen sich diese Vorgänge nicht erfassen. Grundsätzlich werden sie sich etwa in folgender Weise abspielen: Erfolgt der Auslauf in richtiger Weise, d. h. mit zurückgelegtem Steuerhebel, so wird sich dabei die Wandungstemperatur kaum ändern, zum mindesten nicht sinken. Das Gleiche gilt nach den früheren Darlegungen für die Zeit des Umsetzens. Die neue Anfahrt wird demnach mit einer mittleren Wandungstemperatur begonnen, die etwa der Beharrung des vorhergegangenen Zuges entspricht. Bei der größeren Anfahrfüllung steigt natürlich die Oberflächentemperatur entsprechend. Die Beharrung findet zunächst diesen höheren Wert vor, drückt ihn aber allmählich wegen ihrer kleineren Füllung wieder herunter. Hiernach ist anzunehmen, daß der Austauschverlust der Anfahrt etwas größer, der der Beharrung etwas kleiner ist als bei einer durchlaufenden Maschine. Sobald natürlich die Wandungstemperatur durch falsches Ausfahren — Leerpumpen der Leitung — wesentlich heruntergezogen wird, werden die Verhältnisse für die nächste Anfahrt entsprechend verschlechtert.

Eine weitere Verwicklung bringt beim Anfahren das Ansteigen der Drehzahl von Null bis zu einem Höchstwert. Ob sich hier der Austauschverlust im umgekehrten Verhältnis der Quadratwurzeln der Drehzahlen ändert, wie Grashof und Graßmann vermuten, oder ob eine höhere Potenz von n richtiger ist, wie von anderer Seite angenommen wird, ist zurzeit noch ungeklärt. Nur so viel läßt sich mit Bestimmtheit sagen, daß Lässigkeits- und Austauschverluste um so kleiner werden, je schneller die Höchstgeschwindigkeit erreicht wird. Am günstigsten stellt sich in dieser Hinsicht die Treibscheibenmaschine mit Überausgleich des Seilgewichts, während die Förderung mit zylindrischer Trommel ohne Unterseil zweifellos die größten Verluste ergibt. Die Tatsache, daß im allgemeinen C_{i_2} mehr oder weniger kleiner ist als C_{i_1}, bedingt ebenfalls einen, leicht zahlenmäßig zu erfassenden Unterschied in der Wertigkeit der verschiedenen Förderungsarten. Auf Seite 35 ist an Hand eines Beispieles nachgewiesen, daß im Vergleich zu den anderen Möglichkeiten die Treibscheibe mit schwererem Unterseil die längste Beharrungsperiode bei kürzester Anfahrt liefert. Demnach arbeitet die Maschine auch hier verhältnismäßig die längste Zeit unter den günstigsten Bedingungen, d. h. mit dem kleinsten Einheitsverbrauch.

Man sieht, der wissenschaftlichen Versuchsarbeit bleibt hier noch manche lehrreiche Aufgabe zu erledigen, noch manche für die Praxis wichtige Frage zu klären übrig. Man muß Dr. Meyer, der bereits hierzu angeregt hat, in seinem Hinweise auf die noch vorhandenen Unklarheiten und auch darin Recht geben, daß er die Kießelbachschen Versuche (vergl. Stahl und Eisen 1913, S. 1186) ihrer ganzen Natur nach nicht als ausreichend bezeichnet, um die Verhältnisse des Umkehrbetriebes ganz richtig zu erfassen.

Glücklicherweise sind nun diese theoretischen Unsicherheiten, so wünschenswert ihre Beseitigung ist, nicht so groß, daß sie in der Praxis eine im allgemeinen genügend genaue Bestimmung von C_{i_1} und C_{i_2} hindern. Es hat sich vielmehr gezeigt, daß Rechnung und Versuch leidliche Übereinstimmung ergeben, wenn man die Sonderverhältnisse des Fördermaschinenbetriebes ganz außer Ansatz läßt und C_{i_1} und C_{i_2} gleich den entsprechenden Werten für die durchlaufende Maschine setzt. Besonders wird das für den heute eigentlich ausschließlich in Frage kommenden Betrieb mit Überhitzung gelten, weil hier ohnedies die Bedeutung der Austauschverluste stark zurücktritt. Meist benutzt man in der Praxis das Tabellenwerk von Hrabak, obwohl es eigentlich gerade für die hier vorliegenden Verhältnisse wenig geeignet ist. Bei der Festlegung von C_{i_2} nach Hrabak wird nämlich eine Maschine vorausgesetzt, die für die niedrige, zu L_{mi_1} gehörende Kolbengeschwindigkeit in ihren Steuerorganen, und ferner in ihren schädlichen Räumen und Flächen gebaut ist. In Wirklichkeit liegt aber die Aufgabe so, daß der Dampfverbrauch einer für eine gewisse Drehzahl und Kolbengeschwindigkeit bemessenen Maschine auf etwa die Hälfte dieser Werte umgerechnet werden muß, wobei sich gleichzeitig noch die Füllung wesentlich vergrößert. Hiernach ist anzunehmen, daß sowohl Austausch- als auch Lässigkeitsverluste während der Anfahrt in Wirklichkeit größer sind, als sich nach Hrabak ergibt. Diese Unstimmigkeit wird allerdings praktisch wohl dadurch ausgeglichen, daß die Hrabakschen Werte zu hoch und durch die heutige Entwicklung des Dampfmaschinenbaues überholt sind.

Grundsätzlich richtiger erscheint die Anwendung der von Graßmann vorgeschlagenen Umrechnungsformeln. Immerhin sind auch diese mit allem Vorbehalt und dem ausdrücklichen Hinweis veröffentlicht, daß ihr Geltungsbereich nur innerhalb nicht allzu großer Veränderungen der Drehzahl liege. Diese Voraussetzung trifft nun bei der Fördermaschine nicht zu, so daß wohl nichts dagegen einzuwenden ist, wenn die Praxis mit den bequemeren Hrabakschen Tabellen arbeitet, bis eine weitere theoretische Klärung der ganzen Fragen erfolgt ist und ein größeres, planmäßig gewonnenes Versuchsmaterial vorliegt.

Die für D_s und D_i angegebenen Formeln sind natürlich am zuverlässigsten, soweit es sich um Belastungsfälle in der Nähe der höchsten Ausnutzungsziffer der Maschine handelt. Ihre Anwendung auf wesentlich anders geartete Betriebsverhältnisse, besonders die Seilfahrt, liefert selbstverständlich mehr oder minder ungenaue Ergebnisse, da sich hier die störenden Nebeneinflüsse — Gegendampf, Drosseln und Undichtheiten — verhältnismäßig viel stärker bemerkbar machen. Hier hat vorläufig noch der Versuch das letzte Wort, der gelegentlich der Besprechung der Dampfverbrauchsflächen bereits empfohlen wurde.

4. Die verschiedenen Bauarten der Dampf-Fördermaschine hinsichtlich des Dampfverbrauches.

Etwa bis zum Jahre 1890 beherrschte ausschließlich die Zwillingsmaschine das Feld. Ihr einfacher Aufbau, verbunden mit einer vorzüglichen Steuerfähigkeit, erklären das vollkommen, zumal der Dampfverbrauch in jener Zeit überhaupt keine Rolle spielte. Als dieser Gesichtspunkt jedoch an Bedeutung gewann, ging man vielfach zur zweikurbligen Verbundmaschine über. Dieser neuen Bauart hafteten aber so schwerwiegende Mängel an, daß sie heute nur noch der Geschichte angehört und für Neuausführungen nicht mehr in Frage kommt. Einmal war das praktisch stets mehr oder weniger ungleichmäßige Drehmoment der beiden Seiten sehr störend, insofern, als es zu einem besonders bei der Seilfahrt unerwünschten Schlagen der Seile führte. Zum anderen erwies sich das Steuern der Verbundmaschine gegenüber dem des einfachen Zwillings als sehr viel schwieriger. Beim Umsetzen mußte, sofern der Hoch- oder der Niederdruckzylinder allein anfuhr, der Aufnehmer entweder durch Ablassen entleert, oder mit gedrosseltem Frischdampf aufgefüllt werden. Das erforderte einerseits besondere Handgriffe und bedeutete zudem noch einen mehr oder weniger großen Dampfverlust, der den ursprünglichen Vorteil der zweistufigen Anordnung wieder in Frage stellte. Die Zwillingstandemanordnung, die der Zweizylinderverbundmaschine im weiteren Verlauf der Entwicklung folgte, vermied deren oben erwähnte Nachteile nahezu vollständig und schien längere Zeit schlechthin den Typus der neuzeitlichen Fördermaschine darzustellen. In den letzten Jahren haben sich jedoch unter dem Einflusse der großen Fortschritte in der thermischen Durchbildung der Maschinen und der Abdampfverwertung (vgl. hierzu die erschöpfende Abhandlung von Hautog und Ammon, Glückauf 1914, Nr. 15, 16) die Verhältnisse vollkommen verschoben, und die Zwillingsmaschine steht heute wieder an erster Stelle.

Bei Auspuffbetrieb und nennenswerter Überhitzung, ohne die heute keine neue Anlage mehr ausgeführt wird, besitzt hinsichtlich des Dampfverbrauches bei den praktisch in Frage kommenden Eintrittsspannungen die zweistufige Maschine keinerlei Vorteil vor der richtig bemessenen und thermisch nach neuzeitlichen Gesichtspunkten durchgebildeten einstufigen. Nur bei Kondensationsbetrieb behält jene noch ihre Überlegenheit, die sich, bezogen auf die PS_i/Stunde durch eine Ersparnis von etwa 10—15 v. H. bei Sattdampf, 5—10 v. H. bei Überhitzung ausdrückt.

Die Beantwortung der Frage „Zwillings- oder Zwillingstandemfördermaschine" erfordert mithin gleichzeitig eine Entscheidung darüber, ob Abdampfverwertung oder Zentralkondensation zu wählen ist. Natürlich kann hier nur von Fall zu Fall im Rahmen der gesamten Energie- und Wärmewirtschaft der betreffenden Anlage entschieden werden, so daß es in dieser Frage eine eindeutige Lösung ebenso wenig gibt, wie in dem alten Streit „Dampf- oder elektrische Fördermaschine". Wenn daher auch eine erschöpfende Behandlung des Gegenstandes nur für einen gegebenen Fall möglich ist und damit über den Rahmen dieser Arbeit hinausgeht, so sollen hier doch wenigstens die allgemeinen Gesichtspunkte erörtert werden. Diese und einige Durchschnittszahlen werden bereits erweisen, daß, sofern nicht ganz besondere Verhältnisse vorliegen, meist die Entscheidung zugunsten der Abdampfverwertung und damit auch der baulich so sehr viel einfacheren Zwillingsfördermaschine fallen muß.

Zur Erzeugung einer Kilowattstunde benötigt man bei neuzeitlichen Zweidruckturbinen 15—16 kg Abdampf. Diese Zahl berücksichtigt bereits die Nebenverluste und den Kraftbedarf der Kondensation. Die Frischdampfturbine verbraucht bei Eintrittsdampf von 13 at. abs. und 350° Überhitzung für die gleiche Leistung 6,5 kg, wobei ebenfalls die Pumpenarbeit eingerechnet ist. Das Wertverhältnis des Abdampfes zum Frischdampf bei der Stromerzeugung in Turbodynamos wird mithin unter den getroffenen Voraussetzungen 6,5:15 bis 6,5:16, im Mittel also 0,42. Selbstverständlich würde die gleiche Zahl gelten, wenn man die Drucklufterzeugung vermittels Turbokompressoren ins Auge faßt.

Verbraucht mithin eine Zwillingsfördermaschine brutto 12 kg Dampf für eine Schacht PS-Stunde, so hat dieser Dampf hinter der Maschine für die Turbine noch den Wert von $0{,}42 \cdot 12 = 5$ kg Frischdampf. Im Rahmen der Gesamtanlage betrachtet, beträgt also der Nettoeinheitsverbrauch der Fördermaschine nur $12 - 5 = 0{,}58 \cdot 12 = 7$ kg.

Für die Zwillingstandemmaschine ergibt sich dagegen folgendes: Sofern es sich um eine durchlaufende Maschine handelt, würde im günstigsten Falle die zweistufige Ausnützung des Dampfes, verbunden mit der Wirkung der Kondensation, gegenüber dem einstufigen Auspuffbetriebe eine Ersparnis von rund 30 v. H. bedeuten. Nun ist zu beachten, daß im Fördermaschinenbetriebe dieser Vorteil lediglich dem Nutzverbrauch zugute kommt, daß aber der Nebenverbrauch durch Bremse, Umsteuerung, Umsetzen und Auffüllen etwa ebenso hoch wird wie beim Zwilling. Schätzt man diesen Teil des Gesamtverbrauches zu $0,15 \cdot 12 = 1,8$ kg für die Schacht PS-Stunde, so würde sich mithin unter sonst gleichen Verhältnissen der Einheitsverbrauch der Zwillingstandemmaschine auf $1,8 + 0,7\,(12 - 1,8) = 8,94$ kg stellen. Hierzu käme noch der auf den Kraftbedarf der Zentralkondensation entfallende Betrag. Diese ist bei unregelmäßigem Dampfzufluß so reichlich zu wählen, daß auch bei flottestem Betriebe der Dampf ohne nennenswertes Nachlassen der Luftleere niedergeschlagen werden kann. Sofern ein Kondensator mit reichlicher Beharrungswirkung vorliegt (vergl. Weiß, Kondensation, 2. Auflage, Springer 1910, S. 333), genügt es im allgemeinen, die Pumpenanlage für die mittlere Dampfmenge zu bemessen, die sich durch Auswerten der unregelmäßigen, auf Zeitgrundlage aufgetragenen Dampfzuflußlinie für den Abschnitt des angestrengtesten Betriebes ergibt. Bedingung ist jedoch dabei, daß dieser Mittelwert gleich oder kleiner ist als die Hälfte der augenblicklichen Höchstmenge (Weiß, S. 388). Ist diese Voraussetzung nicht erfüllt, so ist der Kondensationsberechnung gleichwohl dieser halbe Höchstwert zugrunde zu legen. Auf dieser Grundlage lassen sich nun für den jeweiligen Fall die Kondensation und ihr Kraftbedarf festlegen.

Durchschnittliche Zahlen liefert ein Bericht des Dampfkesselüberwachungsvereines Essen (Glückauf 1908, S. 1464). Hieraus ergibt sich, daß bei voller Ausnutzung der mit Rückkühlung ausgerüsteten Kondensation im Mittel rund 0,004 KW-Std für 1 kg niederzuschlagenden Dampf verbraucht werden. Rechnet man den gesamten Wirkungsgrad von Motor, Transformator und Kabel zu 0,83, so wären mithin für dieses Kilogramm Ausströmdampf in der Zentrale $\dfrac{0,004}{0,83} = 0,0048$ KW-Std oder $0,0048 \cdot 6,5 = 0,031$ kg Frischdampf aufzuwenden. Im Rahmen der Gesamtanlage betrachtet, benötigt mithin die Zwillingstandemmaschine für eine Schacht PS-Stunde $1,031 \cdot 8,94 = 9,22$ kg, das sind über 30 v. H. mehr als die Zwillingsmaschine.

Ausdrücklich ist hervorzuheben, daß diese Zahl lediglich für die volle Ausnutzung von Maschine und Kondensation gilt, daß sich dagegen bei niedrigen Ausnutzungsziffern die Verhältnisse noch weiter zugunsten des Abdampfbetriebes verschieben. Eine neuzeitliche Zweidruckturbine nützt, sofern die Gesamtbelastung nicht unter etwa 60—70 v. H. sinkt, den Abdampf stets nahezu gleich vollkommen aus. Ob beispielsweise in der Hauptförderzeit lediglich mit Abdampf bei leer mitlaufendem Hochdruckteil gearbeitet wird, oder ob bei der Seilfahrt der Frischdampf die Hälfte der Leistung liefert und die Abdampfmenge sich vorzugsweise auf den Anteil der durchlaufenden Maschine beschränkt, das Wertverhältnis 1 KW-Std = 15,5 kg Abdampf bleibt nahezu unverändert bestehen. Ebenso arbeitet auch der Frischdampf im Hochdruckteil innerhalb eines Spielraumes von etwa 5 v. H. ebenso günstig wie in einer reinen

Frischdampfturbine. Dafür nun, daß die Gesamtbelastung der Turbine nicht weniger als den oben genannten Teilbetrag der Vollast beträgt, muß durch die ganze Anordnung der Anlage und eine richtige Betriebsführung gesorgt werden. Der Bedarf an Druckluft und Strom steigt und fällt mit der Förderleistung, paßt sich also der zur Verfügung stehenden Abdampfmenge einigermaßen an. Man wird nun, was ja im übrigen schon im Hinblick auf die nötige Reserve ratsam ist, während der Hauptförderzeit die Leistung auf mehrere Turbomaschinen verteilen. In der Nachtschicht wird man dagegen nur ein Aggregat betreiben, damit auch dieses ganz oder nahezu voll belastet werden kann, also mit dem günstigsten Wirkungsgrade arbeitet. Es ergibt sich hieraus, daß auch der Vergleichswert $0{,}42:1 =$ Abdampf zu Frischdampf praktisch von der Ausnutzungsziffer der Fördermaschine unabhängig ist, daß also, im Rahmen der Gesamtanlage betrachtet, der Verbrauch einer Schacht PS-Stunde unveränderlich mit 0,58 des gemessenen Bruttoverbrauches einzusetzen ist.

In dieser Beziehung ist beim Zweidruckbetrieb ein sehr wesentlicher Unterschied gegenüber den ersten, mit reinen Niederdruckturbinen ausgerüsteten Abdampfverwertungsanlagen vorhanden. Hier mußte, sobald die volle Abdampfmenge nicht zur Verfügung stand, dem Wärmespeicher Frischdampf zugesetzt werden, der bei den hier angenommenen Verhältnissen durch Abdrosseln auf 42 v. H. seines nutzbaren Wärmegefälles entwertet wurde. Dadurch war natürlich die Wirtschaftlichkeit des Betriebes bei niedrigen Ausnutzungsziffern der Kolbenmaschinen empfindlich beeinträchtigt, wie im Berichte des Versuchsausschusses (Forschungsarbeiten 110/111, S. 80) bei Besprechung einer derartigen Anlage mit Recht hervorgehoben ist. Stehen beispielsweise für eine Belastung von 1000 KW im Durchschnitt nur 10 000 kg Abdampf in der Stunde zur Verfügung, so erzeugt diese Abdampfmenge rund $10\,000:15{,}5 = 645$ KW. Die übrigen 355 KW beanspruchen noch rund $355 \cdot 6{,}5 = 2300$ kg Frischdampf. Im ganzen werden mithin verbraucht $10\,000 + 2300 = 12\,300$ kg in der Zweidruckturbine gegen $1000 \cdot 15{,}5 = 15\,500$ kg in der reinen Abdampfturbine.

Die Wirtschaftlichkeit der mit Kondensation arbeitenden Zwillingstandemmaschine läßt bei schlechter Ausnutzungsziffer dagegen bedeutend nach. Zunächst bringt bei der Seilfahrt und beim Einhängen die Kondensation, deren Eigenkraftbedarf jedoch bestehen bleibt, überhaupt keine Verminderung des Dampfverbrauches, da es hier gar nicht zur Ausbildung regelrechter Dampfdiagramme kommt. Der Einheitsverbrauch ist mithin etwa gleich dem Bruttoverbrauch der Auspuffmaschine zuzüglich dem Aufwand für die Pumpen, während beim Abdampfbetrieb nach wie vor nur 0,58 dieses Bruttowertes zu rechnen sind.

Aus der erwähnten Abhandlung im Glückauf geht hervor, daß der

Kraftbedarf der Kondensation von der Größe der Belastung nahezu unabhängig ist. War beispielsweise bei 100 v. H. Ausnutzung der Frischdampfaufwand für 1 kg niederzuschlagenden Dampf zu 0,031 kg errechnet, so würde diese Zahl bei halber Ausnutzung der Kondensationsanlage auf etwa 0,07 kg steigen. Setzt man der Einfachheit halber voraus, daß auch bei dieser niedrigen Ausnutzung die Einheitsverbrauchszahlen 12 und 8,94 kg bestehen bleiben, was jedoch nur für langsame Förderung bei normaler Belastung des Förderkorbes einigermaßen zutrifft, nicht aber, wie oben erwähnt wurde, für Seilfahrt und Einhängen, so würde der Nettoverbrauch der Auspuffmaschine wieder $0{,}58 \cdot 12 = 7\,\mathrm{kg}$ betragen, der der Kondensationsmaschine dagegen von 9,22 auf $1{,}07 \cdot 8{,}94 = 9{,}57$ kg steigen.

Die errechneten Zahlen sind natürlich nur als angenäherte Durchschnittswerte zu betrachten, die die Verhältnisse grundsätzlich erfassen, unwesentlichere Nebeneinflüsse aber nicht berücksichtigen. Ferner liegt ihnen die Annahme einer neuzeitlichen Kessel- und Maschinenanlage zugrunde. Es ist jedoch zu beachten, daß sich bei schlechten Dampfverhältnissen die Werte noch weiter zugunsten der Abdampfverwertung ändern. Die Leistungsfähigkeit des Abdampfes drückt sich unverändert durch die Zahl 15,5 = 1 KW-Std aus, während auf der anderen Seite nicht 6,5, sondern beispielsweise 8 kg Frischdampf für eine Kilowattstunde aufzuwenden sind. Das Wertverhältnis Abdampf zu Frischdampf steigt damit von 0,42 auf 0,52, so daß der Nettoeinheitsverbrauch der Auspuffmaschine von 0,58 auf 0,48 des Bruttoverbrauches sinken würde. Die für 1 kg Kondensationsdampf in der Zentrale zu rechnende Frischdampfmenge steigt ferner von $0{,}0048 \cdot 6{,}5$ auf $0{,}0048 \cdot 8 = 0{,}0385$ kg, so daß die Zwillingstandemmaschine statt früher $\frac{8{,}94}{12}\,1{,}031 = 0{,}77$ nunmehr etwa $\frac{8{,}94}{12}\,1{,}0385 = 0{,}775$ des Bruttoverbrauches der Auspuffmaschine, also 60 v. H. mehr als diese benötigt.

Was die Anlage- und Unterhaltungskosten angeht, so zeigt sich auch hier eine mehr oder minder große Überlegenheit des Abdampfbetriebes. Auf der einen Seite stehen der Niederdruckteil der Fördermaschine, die Vergrößerung der Gebäude und Fundamente, sowie die gesamte Zentralkondensation für die Kolbenmaschinen, auf der anderen der Wärmespeicher [1]) und die geringfügige Verteuerung der Turbine und ihrer Kon-

---

[1]) Die neueste Entwicklung scheint dahin zu führen, daß der Wärmespeicher meist fortgelassen wird. Man bemißt dabei den Niederdruckteil der Turbine so, daß er die größte augenblickliche Abdampfmenge bewältigen kann. Eine dadurch bedingte geringfügige Verschlechterung des Wirkungsgrades der Turbine wird durch den Fortfall der Anlagekosten und der Niederschlagsverluste des Speichers mehr als aufgehoben. (Vgl. den auf S. 128 erwähnten Aufsatz von Hautog und Ammon.

densation, die durch das Hinzukommen der besonderen Abdampfregelung bzw. die Vergrößerung der gesamten Dampfmenge nötig wird. Berücksichtigt man ferner, daß der Wärmespeicher im Gegensatz zur Zentralkondensation keine Wartung beansprucht, diese und die Niederdruckzylinder der Fördermaschine zudem einen größeren Aufwand für Schmiermaterial und Ersatzteile verlangen, so tritt auch unter dem Gesichtspunkte der Anlage- und Instandhaltungskosten der Vorteil der Abdampfverwertung noch stärker in die Erscheinung.

An Hand der hier gegebenen Gesichtspunkte kann eine genaue vergleichende Wirtschaftlichkeitsberechnung von Fall zu Fall leicht aufgestellt werden. Es dürfte bereits aber als erwiesen gelten, daß eine Zentralkondensation für die Fördermaschine 'unter normalen Verhältnissen nur dort in Frage kommen kann, wo der Abdampf, abgesehen von dem geringen, für die Vorwärmung des Speisewassers und die Heizung der Waschkaue benötigten Bruchteil, unverwertbar ist. Dieser Fall liegt vor, wenn die betreffende Anlage von einem anderen Schachte aus mit Druckluft und elektrischer Energie versehen wird. Hier wird jetzt zu prüfen sein, ob die Anlage einer Zentralkondensation und damit die vierzylindrige Zwillingstandemanordnung der Fördermaschine wirtschaftliche Vorteile vor der mit freiem Auspuff betriebenen billigeren Zwillingsmaschine bietet. Bei günstigen Frischdampfverhältnissen ist diese Frage, zumal im Hinblick auf etwa sonst noch vorhandene Kolbenmaschinen, zu bejahen, solange der Einheitsverbrauch der Fördermaschinen und im Zusammenhang damit der Kraftbedarf der Kondensation nicht zu hoch ist. Daß jedoch unter besonders ungünstigen Verhältnissen deren Gesamtnutzen für eine Fördermaschine überhaupt null oder gar negativ werden kann, hat Schulze in seiner auf Seite 118 erwähnten Abhandlung zahlenmäßig belegt.

Die Gleichstrombauart ist, soweit bekannt geworden ist, im Fördermaschinenbau nur in einer einzigen, von der Gutehoffnungshütte stammenden Ausführung angewendet worden (Z. d. V. d. I. 1911, S. 524). Die Maschine hat jedoch nicht befriedigt und ist inzwischen in einen normalen Zwilling umgebaut. Die schwierige Aufgabe, trotz der dem Gleichstrom eigentümlichen hohen Verdichtung eine gute Steuerbarkeit der Maschine zu verwirklichen, war zwar vollständig gelöst, aber der Dampfverbrauch erwies sich als sehr unbefriedigend und ließ sich auch mit den verschiedensten versuchten Mitteln nicht nennenswert verbessern. Es erklärt sich dies hauptsächlich daraus, daß die bei niedrigem Druck mit Auspuff betriebene Maschine sehr große schädliche Räume verlangte, die nach den früheren Ausführungen gerade für die Fördermaschine einen besonders empfindlichen Nachteil bedeuten. Auch bei höheren Dampfdrücken tritt darin keine nennenswerte Änderung ein, so daß für den Auspuffbetrieb die Gleichstrombauart als verfehlt zu bezeichnen ist. Da sie, um wirtschaftlich zu arbeiten, eine besonders weitgetriebene Luftleere verlangt, ist auch ihr Anschluß an eine übliche Zentralkondensation mit 75—80 v. H. Luftleere nicht ratsam. Vielmehr käme allein die Aufstellung einer besonderen Kondensation unmittelbar neben der Maschine in Frage. Das bedeutet natürlich erhöhte Anlagekosten, zumal für eine neuzeitliche Schachtanlage meist zwei Schächte mit zusammen vier Fördermaschinen in Frage kommen. Im Hinblick auf die Übersichtlichkeit des Betriebes und die Austauschbarkeit der Ersatzteile und der Maschinisten wird man die Maschinen vollständig gleich halten, so daß also vier, mindestens aber zwei Einzelkondensationen allein für die Fördermaschinen zu beschaffen wären. Ferner ist zu berücksichtigen, daß die niedrige Kondensatorspannung auch eine entsprechend hohe Pumpenleistung und damit eine entsprechende Erhöhung des Dampfverbrauches für die Schachtpferdekraftstunde bedingt, die bei geringen Ausnutzungsziffern nicht vernachlässigt werden sollte. Grundsätzlich bedeutet schließlich die vom Kolben betätigte Steuerung des Auslasses für die besonderen Verhältnisse des Fördermaschinenbetriebes noch aus folgendem Grunde einen Nachteil: Die Schlitze werden auch während des freien Auslaufs regelmäßig geöffnet und wieder geschlossen. Es tritt dann, sobald der Ausdehnungsenddruck des im Zylinder bei geschlossener Einlaßsteuerung verbleibenden Restdampfgewichtes unter den Gegendruck sinkt — bei Auspuffbetrieb wird das stets der Fall sein — ein verhältnismäßig kaltes Dampfluftgemisch durch die Schlitze rückwärts in den Zylinder. Dieses Gemisch wird verdichtet und zum Schluß des Hubes teilweise durch die Überströmventile in die Frischdampfleitung gedrückt. Dieses Spiel wiederholt sich bei jeder Umdrehung des Auslaufes, so daß die Zylinderwandung zum Schaden des Dampfverbrauches der nächstfolgenden Anfahrt ausgekühlt wird.

Bei dieser Sachlage ist nicht zu erwarten, daß in den wenigen Fällen, für die eine einfache Zwillingsauspuffmaschine nicht am Platze ist, die Zwillingstandembauart durch die Gleichstrommaschine verdrängt wird.

Buchdruckerei Julius Klinkhardt, Leipzig.

Die Bergwerksmaschinen. Eine Sammlung von Handbüchern für Betriebsbeamte. Unter Mitwirkung zahlreicher Fachgenossen herausgegeben von
Hans Bansen, Dipl.-Bergingenieur, ord. Lehrer an der Oberschlesischen Bergschule zu Tarnowitz.

    I. Band: **Das Tiefbohrwesen.** Unter Mitwirkung von Dipl.-Bergingenieur
Arthur Gerke und Dipl.-Ingenieur Dr.-Ing. **Leo Herwegen** bearbeitet
von Dipl.-Ingenieur **Hans Bansen.** Mit 688 Textfiguren.
Preis gebunden M. 16.—

    II. Band: **Die Gewinnungsmaschinen.** Bearbeitet von Dipl.-Bergingenieur
Arthur Gerke, Dipl.-Bergingenieur Dr.-Ing. **Leo Herwegen,** Dipl.-
Bergingenieur Dr.-Ing. **Otto Pütz** und Dipl.-Ingenieur **Karl Teiwes.**
Mit 393 Textfiguren.   Preis gebunden M. 16.—

    III. Band: **Die Schachtfördermaschinen.** Bearbeitet von Dipl.-Ing. **Karl
Teiwes**, Tarnowitz, und Professor Dr.-Ing **E. Förster,** Direktor der
Kgl. Maschinenbau und Hüttenschule in Gleiwitz. Mit 323 Text-
figuren.   Preis gebunden M. 16.—

    IV. Band: **Die Schachtförderung.** Bearbeitet von Bergingenieur Dipl.-Ing.
Hans Bansen, ord. Lehrer an der Oberschlesischen Bergschule zu
Tarnowitz, und Dipl.-Ing. **Karl Teiwes**, Tarnowitz. Mit 402 Text-
figuren.   Preis gebunden M. 14.—

    V. Band: **Die Wasserhaltungsmaschinen.** Bearbeitet von Dipl.-Ing. **Karl
Teiwes**, Tarnowitz. Mit 362 Textfiguren.   Preis gebunden M. 18.—

Der Grubenausbau. Von Dipl.-Bergingenieur **Hans Bansen**, ord. Lehrer
an der Oberschlesischen Bergschule zu Tarnowitz. Zweite, vermehrte und
verbesserte Auflage. Mit 498 Textfiguren.   Preis gebunden M 8.—

Die Streckenförderung. Von Dipl.-Bergingenieur **Hans Bansen**, ord. Lehrer
an der Oberschlesischen Bergschule zu Tarnowitz. Mit 382 Textfiguren.
Preis gebunden M. 8.—

Lehrbuch der Bergbaukunde mit besonderer Berücksichtigung des Stein-
kohlenbergbaues. Von **F. Heise,** Professor und Direktor der Bergschule zu
Bochum, und **F. Herbst,** Professor an der Technischen Hochschule zu Aachen.
Erster Band. Dritte, verbesserte und vermehrte Auflage. Mit 529 Text-
figuren und 2 farbigen Tafeln.   Preis gebunden M. 12.—
Zweiter Band. Zweite, verbesserte und vermehrte Auflage. Mit 596
Textfiguren.   Preis gebunden M. 12.—

Kurzer Leitfaden der Bergbaukunde. Von **F. Heise,** Professor und
Direktor der Bergschule zu Bochum, und **F. Herbst,** Professor an der Technischen Hochschule zu Aachen. Mit 334 Textfiguren. Preis gebunden M. 6.—

Teuerungszuschlag auf geheftete Bücher 20%, auf gebundene Bücher 30%

Die Bergwerksmaschinen. Eine Sammlung von Handbüchern für Betriebsbeamte. Unter Mitwirkung zahlreicher Fachgenossen herausgegeben von **Hans Bansen**, Dipl.-Bergingenieur, ord. Lehrer an der Oberschlesischen Bergschule zu Tarnowitz.

    I. Band: **Das Tiefbohrwesen.** Unter Mitwirkung von Dipl.-Bergingenieur **Arthur Gerke** und Dipl.-Ingenieur Dr.-Ing. **Leo Herwegen** bearbeitet von Dipl.-Ingenieur **Hans Bansen**. Mit 688 Textfiguren.
        Preis gebunden 16.—

    II. Band: **Die Gewinnungsmaschinen.** Bearbeitet von Dipl.-Bergingenieur **Arthur Gerke**, Dipl.-Bergingenieur Dr.-Ing. **Leo Herwegen**, Dipl.-Bergingenieur Dr.-Ing. **Otto Pütz** und Dipl.-Ingenieur **Karl Teiwes.** Mit 393 Textfiguren.   Preis gebunden M. 16.—

    III. Band: **Die Schachtfördermaschinen.** Bearbeitet von Dipl.-Ing. **Karl Teiwes**, Tarnowitz, und Professor Dr.-Ing. **E. Förster,** Direktor der Kgl. Maschinenbau- und Hüttenschule in Gleiwitz. Mit 323 Textfiguren.   Preis gebunden M. 16.—

    IV. Band: **Die Schachtförderung.** Bearbeitet von Bergingenieur Dipl.-Ing. **Hans Bansen,** ord. Lehrer an der Oberschlesischen Bergschule zu Tarnowitz, und Dipl.-Ing. **Karl Teiwes,** Tarnowitz. Mit 402 Textfiguren.   Preis gebunden M. 14.—

    V. Band: **Die Wasserhaltungsmaschinen.** Bearbeitet von Dipl.-Ing. **Karl Teiwes,** Tarnowitz. Mit 362 Textfiguren. Preis gebunden M. 18.—

Der Grubenausbau. Von Dipl.-Bergingenieur **Hans Bansen,** ord. Lehrer an der Oberschlesischen Bergschule zu Tarnowitz. Zweite, vermehrte und verbesserte Auflage. Mit 498 Textfiguren   Preis gebunden M. 8.—

Die Streckenförderung. Von Dipl.-Bergingenieur **Hans Bansen,** ord. Lehrer an der Oberschlesischen Bergschule zu Tarnowitz. Mit 382 Textfiguren.
    Preis gebunden M. 8.—

Lehrbuch der Bergbaukunde mit besonderer Berücksichtigung des Steinkohlenbergbaues. Von **F. Heise,** Professor und Direktor der Bergschule zu Bochum, und **F. Herbst,** Professor an der Technischen Hochschule zu Aachen. **Erster Band. Dritte, verbesserte und vermehrte Auflage.** Mit 529 Textfiguren und 2 farbigen Tafeln.   Preis gebunden M. 12.—
Zweiter Band. Zweite, verbesserte und vermehrte Auflage. Mit 596 Textfiguren.   Preis gebunden M. 12.—

Kurzer Leitfaden der Bergbaukunde. Von **F. Heise,** Professor und Direktor der Bergschule zu Bochum, und **F. Herbst,** Professor an der Technischen Hochschule zu Aachen. Mit 334 Textfiguren. Preis gebunden M. 6.—